Decifrando Dúvidas da Geografia

I0436349

Leonardo Ferrão
São Paulo/2024

ISBN: 9798875913235

Escrito por
Leonardo Ferrão

Diagramado por
 Leonardo Ferrão

Capa
Leonardo Ferrão

Sumário

Introdução	5
Como a população mundial está distribuída geograficamente	6
Os principais fatores que influenciam o clima de uma região	8
Placas tectônicas e como elas afetam a Geografia	10
A relação entre urbanização e desenvolvimento econômico	12
Como as atividades humanas impactam o meio ambiente em nível global	14
Os principais tipos de agricultura e onde são praticados	16
Como os rios moldam as paisagens e influenciam as sociedades	18
A globalização e seus efeitos na Geografia	20
As causas e consequências das migrações populacionais	23
Como as fronteiras políticas são estabelecidas e mantidas	26
O que caracteriza uma cidade sustentável	28
Desafios relacionados à gestão de água no mundo	30
Como os recursos naturais são distribuídos globalmente	32
Índice de Desenvolvimento Humano (IDH) e como é calculado	34
Os impactos das mudanças climáticas nas regiões polar e tropical	37
Como as características geográficas influenciam as culturas locais	39
As principais características dos diferentes biomas do mundo	41
Como os sistemas de transporte afetam a conectividade entre regiões	44
Teoria da Deriva Continental e como ela explica a formação dos continentes	46
Desafios relacionados à gestão de resíduos urbanos	48
Como a Geografia influencia os padrões de comércio internacional	50
Zonas de convergência e divergência na Geografia Climática	52
Os principais indicadores de desenvolvimento regional	54
Como as políticas ambientais globais afetam diferentes países	56
Os impactos da urbanização descontrolada nas megacidades	58
O papel da Geografia na formulação de políticas globais para enfrentar mudanças climáticas	60
A influência da geopolítica nas relações internacionais e a distribuição de poder no mundo	62
Desafios éticos e socioeconômicos associados à exploração de recursos naturais em áreas de conflito	64
Como a Geografia contribui para a compreensão das disparidades socioeconômicas em escalas local, nacional e global	66
O impacto das tecnologias de informação e comunicação na reconfiguração das redes urbanas e rurais	68

Como as dinâmicas geográficas influenciam os movimentos sociais e as lutas por justiça espacial **70**

Os efeitos geopolíticos das mudanças no Ártico devido ao aquecimento global **72**

Como as fronteiras marítimas e os direitos sobre os oceanos são negociados e disputados entre as nações **74**

Desafios e oportunidades associados à gestão integrada de bacias hidrográficas em contextos transfronteiriços **76**

Como as transformações urbanas e a gentrificação afetam as identidades culturais e sociais das comunidades locais **78**

O papel das cidades globais na economia mundial e como elas contribuem para a polarização econômica **80**

Como a geografia contribui para a compreensão das causas e impactos dos desastres naturais em diferentes regiões **82**

As implicações geopolíticas das migrações forçadas devido a conflitos armados e mudanças ambientais **84**

Como as políticas de desenvolvimento sustentável podem ser implementadas de maneira eficaz em diferentes contextos geográficos **86**

O papel das fronteiras permeáveis na promoção ou prevenção de interações culturais entre nações **88**

Como a Geografia aborda as questões de gênero que se manifestam e são abordadas em diferentes contextos geográficos **90**

Desafios enfrentados pelos países em desenvolvimento na gestão e utilização sustentável de recursos naturais **92**

Como as questões de gênero se manifestam e são abordadas em diferentes contextos geográficos **94**

O impacto das megatendências globais, como a automação e a inteligência artificial, nas geografias urbanas e rurais **96**

Como as estratégias de planejamento territorial podem ser adaptadas para lidar com os desafios das mudanças climáticas e do crescimento populacional **98**

Como as mudanças nos padrões de uso da terra, como o desmatamento e a urbanização, afetam a biodiversidade e os ecossistemas locais e globais **100**

Desafios e oportunidades associados à implementação de estratégias de adaptação às mudanças climáticas em comunidades costeiras vulneráveis **103**

Como a geopolítica dos recursos hídricos influencia as relações entre estados e as estratégias de segurança nacional em regiões áridas e semiáridas **105**

Os impactos socioeconômicos e ambientais da exploração de recursos minerais em áreas de floresta tropical **107**

Como as mudanças nos padrões de migração, incluindo a migração climática, afetam as dinâmicas demográficas e socioeconômicas em nível global e local **109**

Introdução

Caro leitor, você tem em mente algumas perguntas, sejam elas muito comuns (que teria até vergonha de fazê-las a alguém) ou muito complexas (por ser um tema atual e pouco descoberto) sobre Geografia? Fique tranquilo pois você não está sozinho nessa, várias pessoas sendo elas estudadas ou não, não sabem responder muitas das perguntas presentes neste livro e foi pensando nestas pessoas que fiz "Decifrando Dúvidas da Geografia", reunindo os questionamentos mais comuns e mais atuais sobre essa área de estudo que incluem temas como distribuição populacional, mudanças climáticas, padrões de relevo e problemas socioeconômicos. Então se acomode e embarque numa jornada repleta de descobertas.

Como usar este livro

O livro está organizado em capítulos temáticos, cada um com uma pergunta a ser respondida de forma resumida, seguida de uma breve explicação.

Capítulo 1

Como a população mundial está distribuída geograficamente

A população mundial está distribuída de forma desigual, com densidades mais altas em áreas urbanas e em regiões com recursos naturais abundantes.

Historicamente, a população mundial tem sido desigualmente distribuída, sendo influenciada por eventos como a Revolução Industrial e as migrações em larga escala.

Atualmente, a Ásia é o continente mais populoso, concentrando mais da metade da população global. A China e a Índia, em particular, são os países mais densamente povoados do mundo, devido à sua longa história, vastos territórios e crescimento demográfico significativo.

A distribuição populacional na África é marcada por uma grande diversidade, com algumas áreas densamente povoadas e outras mais esparsas.

A América do Sul, por sua vez, apresenta uma distribuição mais concentrada ao longo das regiões litorâneas, enquanto o interior ainda mantém vastas áreas pouco habitadas.

A Europa, embora seja geograficamente pequena em comparação com outros continentes, possui uma densidade populacional significativa, impulsionada por sua história rica, desenvolvimento econômico e urbanização.

A América do Norte, especialmente os Estados Unidos, também exibe uma distribuição populacional desigual, com áreas urbanas densamente povoadas contrastando com vastas regiões rurais.

Os fatores que influenciam essa distribuição são variados. A disponibilidade de recursos naturais, as condições climáticas, a infraestrutura, as oportunidades econômicas e as políticas governamentais desempenham papéis cruciais. Além disso, eventos históricos, como guerras e migrações forçadas, têm impactos duradouros na demografia de uma região.

É importante destacar que, apesar das disparidades, as tendências demográficas estão em constante mudança. Migrações internas e internacionais, avanços tecnológicos, políticas de planejamento familiar e questões ambientais moldam a dinâmica populacional. O estudo dessa distribuição geográfica da população é fundamental para compreender os desafios e oportunidades enfrentados por diferentes regiões do mundo, subsidiando políticas públicas e estratégias de desenvolvimento sustentável.

Capítulo 2

Os principais fatores que influenciam o clima de uma região

Latitude, altitude, proximidade de massas de água, correntes oceânicas e relevo são fatores chave que influenciam o clima de uma região.

O clima de uma região é influenciado por uma complexa interação de diversos fatores que abrangem desde características geográficas até processos atmosféricos. Essa complexidade torna o estudo do clima uma disciplina multifacetada, integrando conhecimentos de diversas áreas, como geografia, meteorologia, oceanografia e geologia.

Um fator primordial é a latitude. A posição de uma região em relação à linha do Equador determina a quantidade de radiação solar que ela recebe. Regiões próximas ao Equador tendem a ser mais quentes, enquanto aquelas mais distantes experimentam temperaturas mais baixas. Esse padrão é evidenciado pela distribuição dos climas ao redor do globo, como os climas tropicais nas áreas equatoriais e os climas temperados e frios em latitudes mais elevadas.

A topografia também desempenha um papel crucial. A presença de montanhas pode influenciar a circulação atmosférica e gerar padrões climáticos distintos em lados opostos das cadeias montanhosas. Por exemplo, as regiões a sotavento recebem menos precipitação devido ao chamado "efeito de sombra de chuva", enquanto as áreas a barlavento experimentam um aumento nas precipitações.

A proximidade de massas de água, como oceanos e lagos, exerce uma influência significativa no clima local. A água tem uma capacidade térmica elevada, o que significa que ela aquece e esfria mais lentamente do que a terra. Isso resulta em climas mais moderados nas proximidades de corpos d'água, com temperaturas mais amenas ao longo do ano.

Os ventos globais e locais são determinantes na redistribuição do calor atmosférico. As células de circulação atmosférica, como as células de Hadley, Ferrel e Polar, geram padrões de vento que influenciam os climas em diferentes latitudes. Ventos locais, como os ventos de monção, podem ter efeitos significativos em regiões específicas.

As correntes oceânicas, por sua vez, desempenham um papel fundamental na transferência de calor entre os oceanos e a atmosfera. O fenômeno El Niño, por exemplo, é resultado de mudanças nas temperaturas da superfície do oceano Pacífico e tem ramificações globais, afetando padrões climáticos em várias regiões.

Outro fator determinante é a cobertura vegetal. Florestas, desertos e outros tipos de vegetação influenciam a umidade do ar, a temperatura e os padrões de precipitação. Mudanças na cobertura vegetal, como desmatamento ou reflorestamento, podem ter impactos substanciais no clima local e regional.

Capítulo 3

Placas tectônicas e como elas afetam a Geografia

Placas tectônicas são blocos rígidos da crosta terrestre que se movem, causando terremotos, formação de montanhas e vulcões, impactando a paisagem geográfica.

As placas tectônicas são gigantescas peças que compõem a camada externa da Terra, conhecida como litosfera. Essas placas são compostas por uma combinação de crosta oceânica e continental, e sua constante movimentação é responsável por uma série de fenômenos geológicos que moldam a superfície do nosso planeta.

A teoria das placas tectônicas, proposta no início da década de 1960, revolucionou a compreensão da dinâmica da Terra. Segundo essa teoria, a litosfera é dividida em várias placas que flutuam sobre a astenosfera, uma camada semifluida localizada abaixo da litosfera. Essas placas estão em constante movimento, impulsionadas por correntes de convecção no manto terrestre.

Existem três principais tipos de limites de placas, onde as interações entre elas geram uma variedade de fenômenos geográficos. Nos limites convergentes, duas placas se movem uma em direção à outra, resultando em subducção, onde uma placa afunda sob a outra. Isso pode levar à formação de cadeias de montanhas, fossas oceânicas profundas e zonas de subducção.

Nos limites divergentes, as placas se afastam uma da outra, permitindo que o magma suba do interior da Terra, criando novas crostas oceânicas. Esses limites são frequentemente associados ao rifteamento continental e à formação de cordilheiras submarinas.
Nos limites transformantes, as placas deslizam lateralmente uma em relação à outra. Esse movimento lateral pode causar terremotos ao longo das falhas transformantes, como a famosa Falha de San Andreas na Califórnia.

Os efeitos das placas tectônicas na Geografia são profundos. A formação e destruição de relevo, a criação de vulcões e terremotos, a configuração de bacias oceânicas e a deriva dos continentes são todos resultados diretos das interações entre essas placas. As placas tectônicas influenciam o clima e os padrões de circulação oceânica, afetando a distribuição de ecossistemas e recursos naturais.

A tectônica de placas não apenas molda a paisagem terrestre, mas também tem uma participação determinante na evolução da vida. A deriva dos continentes pode alterar os padrões climáticos, afetando a distribuição de espécies e influenciando a evolução biológica ao longo do tempo geológico.

Capítulo 4

A relação entre urbanização e desenvolvimento econômico

A urbanização frequentemente acompanha o desenvolvimento econômico, com cidades concentrando atividades comerciais e industriais, mas desafios como desigualdade também podem surgir.

A relação entre urbanização e desenvolvimento econômico é um tema complexo e multifacetado que tem sido objeto de estudo e debate na geografia e em outras disciplinas relacionadas. A urbanização refere-se ao processo de crescimento e expansão das áreas urbanas, resultando na concentração de população, atividades econômicas e infraestrutura em centros urbanos. O desenvolvimento econômico, por sua vez, diz respeito ao progresso geral de uma sociedade em termos de melhoria nas condições de vida, aumento da produção de bens e serviços, e elevação do padrão de vida.

A urbanização e o desenvolvimento econômico estão intrinsecamente interligados, formando uma relação bidirecional. Por um lado, a urbanização pode impulsionar o desenvolvimento econômico ao criar aglomerações de pessoas, empresas e instituições, o que favorece a eficiência econômica, inovação e o surgimento de mercados dinâmicos. As cidades muitas vezes se tornam centros de atividade econômica, concentrando recursos humanos e financeiros que alimentam o crescimento e a diversificação econômica.

Por outro lado, o desenvolvimento econômico pode ser um motor para a urbanização, à medida que a prosperidade econômica atrai migrantes em busca de oportunidades de emprego e melhoria nas condições de vida. Esse processo pode resultar na expansão das cidades, na construção de infraestrutura urbana e na transformação do ambiente urbano para atender às demandas crescentes.

No entanto, é importante destacar que a relação entre urbanização e desenvolvimento econômico nem sempre é linear e positiva. A urbanização descontrolada pode levar a desafios como congestionamento, poluição, falta de moradia adequada e desigualdades sociais, prejudicando o desenvolvimento sustentável. Da mesma forma, o desenvolvimento econômico desigual pode resultar em disparidades urbanas, com algumas áreas prosperando enquanto outras enfrentam dificuldades econômicas e sociais.

Além disso, as questões ambientais também desempenham um papel significativo nessa relação. A urbanização muitas vezes implica em mudanças no uso da terra, aumento da demanda por recursos naturais e emissões de poluentes, o que pode impactar negativamente o meio ambiente e, consequentemente, o desenvolvimento sustentável.

Capítulo 5

Como as atividades humanas impactam o meio ambiente em nível global

Desmatamento, poluição, mudanças climáticas e esgotamento de recursos são consequências das atividades humanas que afetam o meio ambiente globalmente.

A interação entre as atividades humanas e o meio ambiente em escala global é um fenômeno complexo e multifacetado, que tem implicações profundas para o equilíbrio ecológico do planeta. O entendimento dessas interações exige uma análise abrangente dos diversos setores que moldam o comportamento humano e suas consequências ambientais.

A urbanização rápida e desordenada, característica de muitas regiões do mundo, é um dos principais fatores que contribuem para o impacto ambiental global. O crescimento populacional exacerbado, aliado à expansão de áreas urbanas, resulta em uma demanda crescente por recursos naturais, como água e energia. A conversão de ecossistemas naturais em áreas urbanas não apenas destrói habitats valiosos, mas também intensifica a pressão sobre os recursos disponíveis.

A agricultura intensiva é outra faceta significativa desse impacto. A expansão das áreas cultiváveis muitas vezes leva à degradação do solo e ao esgotamento dos recursos hídricos. O uso excessivo de fertilizantes e pesticidas pode contaminar os ecossistemas aquáticos, resultando em problemas de qualidade da água e perda de biodiversidade. E, a criação de gado em larga escala contribui significativamente para as emissões de gases de efeito estufa, agravando as mudanças climáticas globais.

A exploração desenfreada de recursos naturais, como a extração de minerais e combustíveis fósseis, é uma prática que impõe um ônus considerável ao meio ambiente. A degradação de ecossistemas terrestres e aquáticos, juntamente com as emissões resultantes da queima de combustíveis fósseis, contribui para a perda de biodiversidade e acelera as mudanças climáticas.

As mudanças climáticas, por sua vez, têm impactos amplos e abrangentes. Eventos climáticos extremos, como secas prolongadas, tempestades intensas e aumento do nível do mar, são cada vez mais evidentes, afetando comunidades em todo o mundo. A elevação das temperaturas globais também influencia padrões climáticos, com consequências imprevisíveis para a agricultura, a segurança alimentar e a saúde humana.

Para mitigar esses impactos, é imperativo adotar práticas sustentáveis em todos os setores. A transição para fontes de energia renovável, a implementação de práticas agrícolas sustentáveis, a conservação de ecossistemas críticos e a promoção de políticas ambientais globais são passos essenciais. A conscientização e a educação ambiental são fundamentais para promover uma mudança de mentalidade em relação ao uso dos recursos naturais e à coexistência harmoniosa entre as atividades humanas e o meio ambiente global.

Capítulo 6

Os principais tipos de agricultura e onde são praticados

Existem diversos tipos de agricultura, incluindo subsistência, comercial, intensiva e extensiva. A prática varia de acordo com as condições climáticas e socioeconômicas de cada região.

Inegável é o papel da agricultura na sustentabilidade da vida humana, fornecendo alimentos, fibras e materiais para diversas sociedades ao redor do mundo. Diferentes tipos de agricultura tem evoluído ao longo dos séculos, adaptando-se a condições climáticas, geográficas e culturais específicas. A diversidade desses sistemas agrícolas reflete a complexidade das interações entre o homem e o ambiente em diferentes partes do globo.

A agricultura de subsistência é uma prática comum em muitas regiões, especialmente em áreas rurais de países em desenvolvimento. Nesse modelo, os agricultores produzem alimentos principalmente para o consumo próprio e de suas famílias, utilizando técnicas tradicionais e muitas vezes dependendo da mão de obra manual. Este tipo de agricultura é prevalente em partes da África subsaariana, América Latina e partes da Ásia, onde as comunidades dependem diretamente da produção agrícola para sua sobrevivência.

A agricultura comercial, por outro lado, é caracterizada pela produção em larga escala destinada ao mercado. Essa forma de agricultura é comumente encontrada em países desenvolvidos, onde o acesso a tecnologias modernas, maquinário agrícola avançado e infraestrutura de transporte eficiente permitem a produção em grande escala. Os Estados Unidos, Canadá, Austrália e muitos países europeus são exemplos de locais onde a agricultura comercial é uma parte significativa da economia.

A agricultura de plantation[1] é um modelo que se destaca em regiões tropicais, especialmente nas antigas colônias. Nesse sistema, grandes áreas de terra são dedicadas à produção de culturas de exportação, como café, chá, açúcar e banana. Frequentemente envolvem o uso intensivo de mão de obra, muitas vezes em condições que levantam questões sobre os direitos humanos e a sustentabilidade ambiental. Exemplos incluem as plantações de café na América Latina e as plantações de chá no sudeste asiático.

A agricultura de precisão é uma abordagem moderna que utiliza tecnologias avançadas, como GPS, sensores e drones, para otimizar o uso de recursos e maximizar a eficiência produtiva. Essa forma de agricultura é mais comum em países desenvolvidos, onde a infraestrutura tecnológica está amplamente disponível. A agricultura de precisão permite a monitorização detalhada das condições do solo, clima e culturas, facilitando a tomada de decisões informadas para aumentar a produtividade.

Além desses tipos, existem inúmeras variações e sistemas agrícolas específicos de determinadas regiões. A diversidade na prática agrícola é um reflexo da riqueza cultural e ambiental do nosso planeta, destacando a necessidade de abordagens adaptadas a diferentes contextos para garantir a segurança alimentar e a sustentabilidade global.

[1] Sistema de produção agrícola implantado por europeus em suas colônias, baseado na monocultura.

Capítulo 7

Como os rios moldam as paisagens e influenciam as sociedades

Rios desempenham papel crucial na formação de paisagens, criando vales e deltas. Além disso, são fontes vitais de água para agricultura, transporte e atividades humanas.

Os rios desempenham um papel fundamental na formação e transformação das paisagens, exercendo influência significativa nas sociedades humanas ao longo da história. Essas extensões de água doce têm o poder de esculpir terras, criar habitats diversos e proporcionar uma variedade de benefícios que vão desde o abastecimento de água até o transporte e a fertilização do solo.

A ação erosiva dos rios é uma força modeladora essencial. Ao longo do tempo, rios podem esculpir vales profundos, formar desfiladeiros espetaculares e criar deltas expansivos. Um exemplo notável é o Grand Canyon, esculpido pelo Rio Colorado nos Estados Unidos. Essas características geográficas não apenas oferecem uma beleza cênica única, mas também proporcionam condições propícias para o desenvolvimento de ecossistemas diversos e habitats específicos.

São importantes atores na formação de planícies de inundação, áreas de deposição de sedimentos ricos em nutrientes. Estas planícies são frequentemente locais férteis para a agricultura, atraindo comunidades humanas ao longo dos cursos dos rios ao redor do mundo. O Nilo, no Egito, é um exemplo clássico, onde as cheias anuais depositam nutrientes no vale, criando condições ideais para a agricultura e permitindo o florescimento de civilizações antigas.

São vias naturais de transporte, facilitando o comércio e a interação cultural entre diferentes comunidades. Muitas cidades antigas se desenvolveram ao longo das margens dos rios, aproveitando a conveniência do transporte fluvial. O Rio Ganges, na Índia, é um exemplo emblemático, com cidades históricas como Varanasi prosperando ao longo de suas margens.

A água dos rios também é uma fonte vital para o abastecimento de comunidades humanas, fornecendo água doce para consumo, agricultura e indústria. No entanto, a gestão inadequada dos recursos hídricos, como a poluição e a exploração excessiva, pode levar a impactos negativos na qualidade da água e na saúde das comunidades dependentes dos rios.
Além de seus benefícios, os rios também apresentam desafios, especialmente quando sujeitos a eventos extremos como inundações. As cheias podem causar danos significativos a comunidades ribeirinhas, destacando a necessidade de gerenciamento e planejamento cuidadosos para equilibrar os benefícios e os riscos associados aos rios.

Capítulo 8

A globalização e seus efeitos na Geografia

Globalização refere-se à interconexão global de culturas, economias e sociedades. Seus efeitos na geografia incluem maior interdependência entre nações, transformações nas redes de comércio e migração.

A globalização é um fenômeno complexo e multifacetado que transformou profundamente as interações entre sociedades, economias e culturas em escala global. Esse processo, que ganhou intensidade ao longo do século XX e continua a moldar o mundo contemporâneo, é caracterizado pela interconexão e interdependência crescentes entre diferentes regiões do planeta.

No âmbito econômico, a globalização se manifesta por meio da integração dos mercados financeiros, do comércio internacional e da produção em cadeias globais. Empresas multinacionais expandem suas operações em diversos países, buscando mão de obra mais acessível, mercados consumidores em crescimento e condições regulatórias favoráveis. Isso resulta em uma dispersão geográfica das atividades econômicas, com centros de produção, distribuição e consumo espalhados por todo o globo.

Os avanços tecnológicos, especialmente nas comunicações e transportes, desempenham um papel crucial na globalização. A internet e as redes de comunicação permitem a transmissão instantânea de informações e o acesso a mercados globais. O transporte aéreo e marítimo eficiente encurta as distâncias, facilitando o movimento de bens, serviços e pessoas entre diferentes partes do mundo. Essa conectividade geográfica reconfigura as relações espaciais, diminuindo as barreiras físicas e temporais.

Na esfera cultural, a globalização promove o intercâmbio de ideias, valores e práticas culturais. O acesso generalizado à mídia global, como filmes, música e redes sociais, contribui para a disseminação de tendências culturais em escala planetária. Isso cria uma dinâmica em que elementos culturais de diferentes regiões podem se entrelaçar, resultando em uma diversidade cultural global, mas também levantando questões sobre a preservação da identidade cultural local.

No entanto, a globalização não é um processo uniformemente distribuído. Ela gera disparidades econômicas e sociais entre regiões e países. Enquanto algumas áreas se beneficiam da integração global, experimentando crescimento econômico e desenvolvimento, outras enfrentam desafios como a exploração de recursos, a desindustrialização e a perda de empregos.

A globalização também tem impactos ambientais significativos. O aumento do comércio internacional e da produção em larga escala está associado a um consumo crescente de recursos naturais e a emissões de gases de efeito estufa. As cadeias de abastecimento globais muitas vezes contribuem para a degradação ambiental em diferentes partes do mundo, levantando preocupações sobre a sustentabilidade e a equidade ambiental.

Na geografia, a globalização redefine a noção de espaço e lugar. As fronteiras tradicionais tornam-se mais permeáveis, e a interconexão global altera as dinâmicas regionais. O papel dos centros urbanos como nodos-chave na rede global de comunicações e comércio é amplificado, enquanto áreas remotas enfrentam desafios e oportunidades específicas

Capítulo 9

As causas e consequências das migrações populacionais

As migrações populacionais podem ser impulsionadas por fatores econômicos, políticos ou ambientais. Consequências incluem diversidade cultural, desafios sociais e mudanças na distribuição populacional.

As causas e consequências desses deslocamentos têm implicações profundas nos níveis individual, comunitário e global, abrangendo aspectos econômicos, sociais, políticos e ambientais.

Causas

Econômicas: A busca por oportunidades econômicas é uma das principais causas das migrações. Pessoas muitas vezes se deslocam em busca de empregos melhores, salários mais altos e condições econômicas mais favoráveis. Migrações rurais-urbanas são comuns em busca de trabalho nas áreas urbanas em expansão.

Conflitos e Instabilidade: Conflitos armados, instabilidade política e violência são forças motrizes significativas de migrações forçadas. Pessoas fogem de áreas de conflito em busca de segurança e estabilidade em outros lugares.

Fatores Ambientais: Desastres naturais, mudanças climáticas e degradação ambiental também podem desencadear migrações. Eventos como furacões, inundações e secas podem forçar as pessoas a deixarem suas áreas de origem em busca de condições de vida mais seguras.

Perseguição e Discriminação: Também podem ser motivadas por perseguição étnica, religiosa ou política. Grupos de pessoas podem buscar refúgio em outros países para escapar de discriminação e violações de direitos humanos.

Família e Redes Sociais: A busca por reunificação familiar é um motivador importante para a migração. Indivíduos muitas vezes buscam se juntar a membros da família que já migraram, criando redes sociais transnacionais.

Consequências

Impacto Econômico: As migrações podem ter impactos econômicos significativos nos países de origem e de destino. A mão de obra migrante muitas vezes contribui para o crescimento econômico do país de destino, enquanto as remessas enviadas para os países de origem podem representar uma fonte importante de receita.

Diversidade Cultural: Contribuem para a diversidade cultural, já que diferentes grupos étnicos e culturais interagem e se misturam em novas regiões. Isso pode enriquecer as sociedades, trazendo novas perspectivas, tradições e contribuições culturais.

Desafios de Integração: Os migrantes muitas vezes enfrentam desafios de integração nos países de destino, incluindo barreiras linguísticas, discriminação e dificuldades para acessar serviços básicos. Esses desafios podem gerar tensões sociais e políticas.

Transformações Demográficas: Podem alterar a composição demográfica das áreas de origem e destino. Isso inclui mudanças na estrutura etária, taxas de natalidade e padrões de migração.

Desenvolvimento Sustentável: Migrações podem ter impactos no desenvolvimento sustentável. Em alguns casos, a fuga de talentos de um país (fuga de cérebros) pode prejudicar o desenvolvimento, enquanto em outros casos, a diáspora pode contribuir para a transferência de conhecimento e recursos.

Conflitos e Tensões: Migrações também podem desencadear conflitos e tensões, especialmente quando há competição por recursos escassos, empregos ou serviços.

Capítulo 10

Como as fronteiras políticas são estabelecidas e mantidas

Fronteiras políticas são frequentemente estabelecidas por acordos diplomáticos, guerras ou processos históricos. Sua manutenção envolve políticas de controle e acordos internacionais.

Em sua origem, as fronteiras políticas muitas vezes têm raízes históricas profundas. A formação de estados-nação ao longo dos séculos, muitas vezes impulsionada por eventos como guerras, tratados e movimentos de independência, moldou a configuração atual de fronteiras. As decisões tomadas por líderes políticos em momentos cruciais reverberam ao longo do tempo, delineando as linhas que separam diferentes entidades políticas.

Além do componente histórico, fatores geopolíticos desempenham um papel significativo na criação das mesmas. Países muitas vezes buscam consolidar seus interesses estratégicos, considerando aspectos como acesso a recursos naturais, controle de rotas comerciais e segurança nacional. Disputas territoriais podem surgir quando esses interesses entram em conflito, levando a negociações diplomáticas, acordos de fronteira ou, em alguns casos, conflitos armados.

O papel das fronteiras na manutenção da ordem interna também é vital. Elas ajudam a definir a extensão do poder e jurisdição de um governo, facilitando a administração e governança. No entanto, não são apenas linhas no mapa; muitas vezes, elas refletem divisões étnicas, culturais e linguísticas que podem complicar a gestão interna de um país.

A sua evolução também é influenciada por fatores econômicos. Acordos comerciais, blocos regionais e políticas de integração podem resultar em ajustes para facilitar a cooperação econômica. A globalização, por sua vez, desafia a rigidez dessas, pois as nações buscam equilibrar a abertura econômica com a necessidade de manter o controle sobre seus assuntos internos.

A manutenção envolve uma combinação de fatores, esses que muitas vezes passam despercebidos ou são menosprezados. Instrumentos legais, como tratados e acordos internacionais. As Organizações internacionais, como as Nações Unidas (ONU), também podem ser fundamentais na mediação de disputas e na promoção da estabilidade geopolítica.
No entanto, nem sempre é um processo pacífico. Conflitos armados, disputas territoriais e questões étnicas podem desafiar a sua integridade, exigindo intervenção diplomática e, em alguns casos, intervenção militar para garantir a estabilidade.

O que caracteriza uma cidade sustentável

Uma cidade sustentável é aquela que busca equilibrar o desenvolvimento econômico, social e ambiental, promovendo eficiência energética, transporte público eficaz, gestão de resíduos e qualidade de vida para os habitantes.

Diversos aspectos caracterizam uma cidade como sustentável, abrangendo desde a gestão eficiente dos recursos naturais até a promoção da inclusão social.

Em primeiro lugar, a infraestrutura urbana é sem dúvidas o principal pilar na sustentabilidade de uma cidade. Sistemas eficientes de transporte público, ciclovias, calçadas acessíveis e um planejamento urbano bem elaborado contribuem para a redução das emissões de gases de efeito estufa e fomentam a mobilidade sustentável. Além disso, o investimento em tecnologias verdes, como edifícios ecoeficientes e sistemas de energia renovável, é essencial para minimizar o impacto ambiental da urbanização.

A gestão responsável dos recursos naturais é outra característica fundamental de uma cidade sustentável. Isso inclui práticas eficientes de gestão de resíduos, com ênfase na reciclagem e na redução do desperdício, bem como a preservação de áreas verdes e a promoção de espaços públicos de convivência. A presença de parques, praças e áreas de lazer não apenas contribui para o bem-estar dos cidadãos, mas também para a manutenção do equilíbrio ecológico.

No âmbito social, uma cidade sustentável busca a equidade e a inclusão. Isso implica em garantir acesso igualitário a serviços básicos, como saúde e educação, bem como promover a diversidade cultural e a participação ativa da comunidade nas decisões locais. A criação de políticas habitacionais acessíveis e a revitalização de bairros desfavorecidos são medidas importantes para combater a desigualdade social e promover uma cidade verdadeiramente sustentável.

Dito isso, é importante termos em mente que a resiliência urbana diante das mudanças climáticas é um elemento-chave. Uma cidade sustentável está preparada para enfrentar eventos extremos, como enchentes e ondas de calor, por meio de estratégias de adaptação e mitigação. A implementação de espaços verdes que atuam como absorvedores de água, a criação de sistemas de alerta precoce e o planejamento de áreas de refúgio são exemplos de medidas que fortalecem a resiliência urbana.

Desafios relacionados à gestão de água no mundo

Desafios incluem escassez de água, poluição, distribuição desigual e a necessidade de desenvolver práticas sustentáveis de gestão hídrica para garantir acesso seguro e equitativo à água.

Em primeiro lugar, a escassez de água é um desafio crítico enfrentado por muitas regiões do mundo. O aumento da demanda devido ao crescimento populacional e às atividades industriais, combinado com fatores como as mudanças climáticas, tem levado à diminuição das fontes de água doce. Essa escassez afeta não apenas áreas áridas e semiáridas, mas também regiões historicamente mais abundantes, gerando uma competição cada vez mais acirrada pelos recursos hídricos disponíveis.

Além disso, a poluição da água é um desafio significativo que afeta diretamente a qualidade dos recursos hídricos. A descarga de resíduos industriais, esgoto não tratado e produtos químicos agrícolas contribui para a degradação dos corpos d'água, comprometendo a saúde humana e dos ecossistemas aquáticos. A gestão eficaz da água deve abordar não apenas a quantidade disponível, mas também a qualidade, buscando formas sustentáveis de proteger e restaurar os recursos hídricos.

A distribuição desigual da água entre as nações e dentro dos próprios países é outro desafio fundamental. Enquanto algumas regiões enfrentam escassez severa, outras têm acesso mais abundante aos recursos hídricos. Isso gera desigualdades socioeconômicas e, em alguns casos, conflitos pela água. A gestão equitativa e justa dos recursos hídricos é essencial para garantir o acesso universal à água potável e para promover a estabilidade geopolítica.

A gestão transfronteiriça dos recursos hídricos é também uma preocupação global. Muitos rios e aquíferos atravessam fronteiras nacionais, exigindo cooperação internacional para garantir o uso sustentável e a preservação dos ecossistemas associados. Conflitos relacionados à água entre países são crescentes, e a necessidade de acordos e tratados que promovam a cooperação e a prevenção de disputas torna-se cada vez mais crucial.

Por fim, a mudança climática exacerba todos esses desafios, alterando os padrões de precipitação, aumentando eventos climáticos extremos e afetando a disponibilidade de água em diferentes regiões. A adaptação a essas mudanças requer estratégias inovadoras e sustentáveis, além de políticas que considerem as projeções climáticas futuras.

A gestão da água no mundo enfrenta uma gama complexa de desafios que exigem abordagens integradas, colaborativas e sustentáveis. A busca por soluções eficazes demanda não apenas ações locais, mas também cooperação global, visando garantir a preservação dos recursos hídricos para as gerações presentes e futuras.

Capítulo 13

Como os recursos naturais são distribuídos globalmente

A distribuição dos recursos naturais é influenciada por fatores geológicos e climáticos. Alguns países têm maior acesso a recursos como petróleo, minerais e terras cultiváveis, contribuindo para as desigualdades globais.

A primeira consideração ao analisar a distribuição dos recursos naturais é a geologia. A crosta terrestre é heterogênea, resultando em diferentes formações geológicas que abrigam uma variedade de recursos. Por exemplo, depósitos minerais como petróleo, carvão, minério de ferro e metais preciosos estão concentrados em determinadas áreas devido a processos geológicos específicos. As reservas de petróleo, por exemplo, tendem a estar localizadas em bacias sedimentares submarinas, enquanto as minas de carvão frequentemente se encontram em áreas com deposição de material orgânico ao longo do tempo.

Além da geologia, o clima é um agente necessário na distribuição dos recursos naturais. Regiões tropicais, devido ao seu clima quente e úmido, muitas vezes abrigam uma rica biodiversidade, proporcionando recursos como madeira, frutas tropicais e uma variedade de espécies animais. Por outro lado, regiões áridas podem enfrentar escassez de água, limitando a disponibilidade de recursos agrícolas.

A topografia também é um fator determinante. Áreas montanhosas, por exemplo, podem ser ricas em minerais, mas a acessibilidade e a viabilidade econômica da extração desses recursos podem ser desafios significativos.

Além dos fatores naturais, as atividades humanas, como agricultura intensiva e extração de recursos, podem alterar a distribuição original dos recursos. A urbanização e a industrialização muitas vezes concentram a demanda por recursos em áreas específicas, levando à exploração intensiva dessas regiões.

A distribuição dos recursos naturais tem implicações profundas no desenvolvimento econômico e social. Países e regiões com abundância de recursos naturais podem ter uma vantagem econômica, mas também enfrentam desafios como a dependência econômica desses recursos, a degradação ambiental e desigualdades sociais associadas à exploração.
Essa distribuição desigual de recursos naturais molda as características socioeconômicas dos países e regiões, influenciando a dinâmica global de poder, comércio e desenvolvimento.

Capítulo 14

Índice de Desenvolvimento Humano (IDH) e como é calculado

O IDH é um indicador que avalia o desenvolvimento humano em termos de saúde, educação e padrão de vida. Calculado com base em indicadores como expectativa de vida, escolaridade e renda per capita.

O Índice de Desenvolvimento Humano (IDH) é uma medida amplamente utilizada para avaliar o desenvolvimento humano de um país. Desenvolvido pelo Programa das Nações Unidas para o Desenvolvimento (PNUD), o IDH foi introduzido em 1990 como uma alternativa ao tradicional Produto Interno Bruto (PIB), buscando oferecer uma visão mais abrangente e holística do progresso social. Este índice composto reflete três dimensões essenciais do bem-estar humano: saúde, educação e padrão de vida.

A primeira dimensão, saúde, é mensurada através da expectativa de vida ao nascer. Esse indicador reflete a qualidade do sistema de saúde e as condições de vida em um determinado país, proporcionando uma visão sobre a longevidade da população. A segunda dimensão, educação, é representada por dois componentes: a média de anos de escolaridade e a expectativa de anos de escolaridade. Esses elementos capturam não apenas a quantidade de anos que uma pessoa passa na escola, mas também a qualidade da educação recebida, sendo crucial para entender o capital humano de uma nação.

A terceira dimensão do IDH é o padrão de vida, medido pelo PIB per capita ajustado ao poder de compra. Esse indicador considera não apenas a riqueza total de uma nação, mas também a distribuição dessa riqueza entre sua população. Essa abordagem procura refletir mais fielmente a qualidade de vida e o acesso a bens e serviços essenciais.

O cálculo do IDH envolve a normalização dos indicadores de cada dimensão em uma escala de 0 a 1, para que possam ser combinados de maneira comparável. O PNUD (Programa das Nações Unidas para o Desenvolvimento) estabelece limites específicos para cada indicador, garantindo uma representação proporcional das dimensões no índice final. Os valores resultantes são categorizados em diferentes níveis de desenvolvimento humano, classificando os países em "muito alto", "alto", "médio" e "baixo" desenvolvimento.

Veja o método utilizado pelo PNUD após 2010:

$EV = \frac{EV-20}{83,2-20}$ Fórmula da Expectativa de Vida ao Nascer

$EV = \frac{70-20}{83,2-20}$ Aqui nós subtraímos os valores de referência mínimo (20) do máximo (83,2) e da expectativa real (70), depois dividindo, tendo $EV = \frac{50}{63,2} \approx 0,791$

$EI = \frac{\sqrt[2]{IAME \times IAEE}-0}{0,951-0}$ Fórmula do Índice de Educação

$IAME = \frac{AME-0}{13,2-0}$ Fórmula do Índice de Anos Médios de Educação

$IAEE = \frac{AEE-0}{20,6-0}$ Fórmula do Índice de Anos Esperados de Escolaridade

$IAME = \frac{8-0}{13,2-0}$ Aqui nós subtraímos o valor mínimo de referência (0) da média de

escolaridade (8) e do valor máximo de referência (13,2), depois dividindo, tendo:

$IAME = \frac{8}{13,2} \approx 0,606$

$IAEE = \frac{15-0}{20,6-0} = \frac{15}{20,6}$ Realizando a divisão, temos: $IAEE = \frac{15}{20,6} \approx 0,728$

Com os valores em mãos, podemos calcular o Índice de Educação:

$EI = \frac{\sqrt[2]{0,606 \times 0,728} - 0}{0,951 - 0} \approx \sqrt[2]{0,441168} \approx 0,664$ Agora substituímos esse valor:

$\frac{0,664}{0,951} \approx 0,698$

$IR = \frac{ln(PIBpc) - ln(163)}{ln(108.211) - ln(163)}$ Fórmula do Índice de Renda

$IR = \frac{ln(60.000) - ln(163)}{ln(108.211) - ln(163)}$ Calculamos primeiro o logaritmo natural do PIB per capita (60.000),

depois, a diferença entre o logaritmo natural do PIB e o logaritmo natural de 163, após isso,

repetimos o processo com o logaritmo natural de 108.211.

$IR = \frac{59.837}{108,048} \approx 0,5538$

Tendo feito todos os cálculos possíveis, chegamos agora no IDH:

$IDH = \sqrt[3]{EV \times EI \times IR}$ Fórmula do Índice de Desenvolvimento Humano

$IDH = \sqrt[3]{0,791 \times 0,698 \times 0,5538}$

$IDH = \sqrt[3]{3069859944} \approx 0,684$

O Índice de Desenvolvimento Humano seria aproximadamente 0,684 (médio).

* Os dados utilizados para o cálculo são fictícios.

** Fórmula retirada do Relatório de Desenvolvimento Humano de 2010

Apesar de suas críticas, o IDH desempenha um papel fundamental ao destacar a importância de aspectos além do crescimento econômico, promovendo uma abordagem mais abrangente e inclusiva para avaliar o desenvolvimento humano. Contudo, é importante reconhecer suas limitações, como a simplificação de realidades complexas e a falta de consideração de fatores como desigualdades internas e sustentabilidade ambiental.

Capítulo 15

Os impactos das mudanças climáticas nas regiões polar e tropical

Regiões polares enfrentam derretimento do gelo e elevação do nível do mar, enquanto regiões tropicais experimentam eventos climáticos extremos, aumento das temperaturas e alterações nos padrões de chuva.

As mudanças climáticas globais têm efeitos significativos em diferentes regiões do mundo, sendo as regiões polar e tropical particularmente suscetíveis a transformações notáveis. Tais impactos são resultado de alterações nos padrões atmosféricos, elevação das temperaturas e mudanças nos regimes de precipitação. Esses fenômenos estão interligados e afetam tanto os ecossistemas naturais quanto as comunidades humanas presentes nessas áreas distintas.

Nas regiões polares, como o Ártico e a Antártica, as mudanças climáticas têm sido particularmente dramáticas. O aumento das temperaturas médias nessas áreas é notavelmente superior à média global, levando à rápida redução da cobertura de gelo marinho e das geleiras.

O derretimento do gelo polar contribui para o aumento do nível do mar, representando uma ameaça direta para comunidades costeiras e ecossistemas delicados. Resultando na perda de habitat de espécies adaptadas a ambientes extremos, como ursos polares e pinguins, comprometendo a biodiversidade local.

Outro impacto nas regiões polares é o feedback climático causado pela liberação de gases de efeito estufa armazenados no solo congelado, conhecido como permafrost. O descongelamento deste solo libera dióxido de carbono e metano, contribuindo para um ciclo de retroalimentação que acelera ainda mais as mudanças climáticas globais.

Já nas regiões tropicais, os impactos das mudanças climáticas são igualmente significativos. Aumentos na temperatura média do ar e da superfície do mar intensificam eventos climáticos extremos, como furacões, tufões e ciclones tropicais. Esses fenômenos podem resultar em inundações, deslizamentos de terra e danos significativos às comunidades costeiras e infraestrutura.

Além disso, as mudanças climáticas afetam os padrões de chuva nas regiões tropicais, levando a períodos prolongados de seca ou chuvas intensas e inundações. Essas alterações nos regimes de precipitação impactam a disponibilidade de água doce, a agricultura e a segurança alimentar, afetando diretamente as populações locais.

Nos ecossistemas tropicais, o aumento das temperaturas pode levar à perda de biodiversidade, uma vez que muitas espécies não conseguem se adaptar rapidamente às mudanças ambientais. A degradação dos recifes de coral devido ao branqueamento causado pelo aumento da temperatura da água do mar é um exemplo concreto desse impacto nas regiões tropicais.

Capítulo 16

Como as características geográficas influenciam as culturas locais

As características geográficas, como clima, relevo e disponibilidade de recursos, influenciam práticas culturais, modos de vida e atividades econômicas das comunidades locais, moldando identidades culturais únicas.

As características geográficas desempenham um papel fundamental na formação e moldagem das culturas locais ao redor do mundo. A interação entre o ambiente físico e as comunidades humanas cria uma dinâmica única que influencia diversos aspectos culturais, desde a subsistência até as práticas sociais e as tradições. Neste contexto, analisar como as características geográficas impactam envolve uma exploração profunda das relações entre o espaço, as pessoas e as suas manifestações culturais.

Em primeiro lugar, a disponibilidade e a distribuição de recursos naturais têm um impacto significativo nas práticas econômicas e na subsistência das comunidades. Regiões com abundância de recursos agrícolas podem desenvolver uma cultura centrada na agricultura, com tradições e festivais relacionados às colheitas. Por outro lado, áreas com recursos hídricos limitados podem incentivar uma cultura voltada para a conservação da água e métodos agrícolas adaptados à escassez.

O relevo e a topografia de uma região são agentes que desempenham um papel importante na forma como se desenvolvem. Montanhas, vales, planícies e desertos podem influenciar as atividades humanas, como a construção de assentamentos, rotas comerciais e até mesmo a mobilidade das populações. Comunidades que habitam áreas montanhosas, por exemplo, muitas vezes desenvolvem modos de vida adaptados à altitude e podem ter tradições culturais únicas relacionadas à geografia do local.

A proximidade ou isolamento geográfico também impacta as interações culturais. Comunidades situadas em regiões remotas ou ilhas podem desenvolver culturas distintas devido à limitada exposição a influências externas. Por outro lado, áreas geograficamente acessíveis a diferentes povos e culturas podem se tornar centros de intercâmbio cultural, resultando em uma diversidade cultural mais ampla e na assimilação de práticas e tradições diversas.

As características climáticas são outra faceta crucial. O clima afeta não apenas as atividades econômicas, como a agricultura e a pesca, mas também molda as vestimentas, a arquitetura e as festividades locais. Comunidades em climas áridos podem valorizar sombras e construções que oferecem resfriamento, enquanto sociedades em climas frios podem desenvolver práticas culturais centradas no aquecimento e no uso de materiais isolantes.

Capítulo 17

As principais características dos diferentes biomas do mundo

Os biomas incluem florestas tropicais, desertos, tundras, savanas, entre outros, cada um com características distintas de clima, vegetação e fauna adaptadas às condições específicas de sua região.

Os biomas do mundo representam vastas áreas com características ambientais e climáticas distintas, influenciando diretamente a fauna, a flora e, consequentemente, as interações entre os seres vivos. Cada bioma é único em sua composição, adaptando-se às condições específicas do clima, solo e relevo. Vamos explorar as principais características dos principais biomas do mundo.

Comecemos pela Floresta Tropical, um dos biomas mais biodiversos e exuberantes. Localizada principalmente em regiões equatoriais, apresenta altas temperaturas e precipitação constante ao longo do ano. Sua densa cobertura vegetal inclui árvores de grande porte, epífitas, lianas e uma variedade incrível de fauna, com destaque para aves coloridas, primatas e insetos.

A Tundra, por sua vez, é encontrada em latitudes elevadas, como na região do Ártico. Caracteriza-se por um clima extremamente frio, com invernos rigorosos e verões curtos. A vegetação é adaptada à permafrost, um solo permanentemente congelado, e inclui líquens, musgos e pequenos arbustos. A fauna da Tundra é especializada em suportar condições adversas, com renas, lemingues e aves migratórias.

Os desertos, como o Saara e o Atacama, são biomas áridos com precipitação escassa. Apesar das condições aparentemente hostis, essas áreas abrigam uma notável variedade de plantas e animais adaptados à escassez de água, como cactos, camelos e lagartos. A vida no deserto muitas vezes desenvolve estratégias para conservar água e resistir às variações extremas de temperatura.

As Savanas, comuns na África, são caracterizadas por uma paisagem de gramíneas intercaladas com árvores esparsas. Apresentam estações distintas, com períodos secos e chuvosos. Grandes herbívoros, como elefantes e zebras, coexistem com predadores como leões e hienas. Essa interação equilibrada entre diferentes níveis tróficos contribui para a riqueza ecológica desse bioma.

A Taiga, ou floresta boreal, é encontrada em latitudes mais altas, como no norte da América do Norte e Eurásia. Marcada por invernos longos e rigorosos, a taiga é dominada por coníferas, como pinheiros e abetos. Mamíferos adaptados ao frio, como ursos, alces e linces, são comuns nesse bioma.

Por fim, os Biomas Aquáticos incluem os oceanos, mares, rios e lagos. Diferem-se em termos de salinidade, profundidade e movimento da água. Os recifes de coral, por exemplo, são biomas marinhos ricos em biodiversidade, enquanto os estuários, onde rios encontram o mar, representam ambientes únicos de transição.

Os biomas do mundo oferecem uma variedade impressionante de paisagens ecológicas, cada uma com características adaptativas distintas.

Capítulo 18

Como os sistemas de transporte afetam a conectividade entre regiões

Os sistemas de transporte, como rodovias, ferrovias e portos, influenciam a conectividade ao facilitar a movimentação de pessoas e mercadorias. Infraestruturas eficientes promovem o desenvolvimento econômico e social.

A forma como as pessoas e mercadorias se movem de um lugar para outro tem impactos profundos na interação entre diferentes áreas geográficas.

Primeiramente, os sistemas de transporte afetam a acessibilidade e a facilidade de conexão entre regiões. Estradas, ferrovias, portos e aeroportos são elementos essenciais que proporcionam a movimentação eficiente de bens e pessoas. Um sistema bem desenvolvido reduz as barreiras físicas, encurtando distâncias e facilitando o acesso a recursos, mercados e oportunidades. Isso cria um ambiente propício para o intercâmbio cultural, comercial e social entre regiões distantes.

Notoriamente, a qualidade e a eficiência desses sistemas têm implicações diretas na distribuição espacial das atividades humanas. Cidades e áreas urbanas muitas vezes se desenvolvem ao redor de nós de transporte importantes, aproveitando a acessibilidade proporcionada por essas vias. À medida que a conectividade melhora, áreas antes remotas podem se tornar mais atraentes para o desenvolvimento, estimulando o crescimento econômico e a urbanização.

Também desempenham um papel significativo na organização do espaço geográfico. Corredores de transporte, como rodovias interestaduais e ferrovias, muitas vezes delineiam padrões de desenvolvimento e distribuição de atividades humanas. Essas infraestruturas moldam a paisagem, influenciando o uso do solo, a localização de indústrias e o crescimento urbano.

A conectividade proporcionada não se limita apenas à esfera econômica. Eles também têm implicações sociais e ambientais. A facilidade de se locomover entre regiões impacta a migração populacional, promovendo o intercâmbio cultural e a diversidade. No entanto, o aumento do transporte pode levar a questões ambientais, como poluição do ar e congestionamentos, destacando a importância de abordagens sustentáveis no seu planejamento e gestão.

Capítulo 19

Teoria da Deriva Continental e como ela explica a formação dos continentes

A Teoria da Deriva Continental proposta por Alfred Wegener sugere que os continentes já foram conectados em uma única massa chamada Pangeia, e ao longo do tempo, se moveram para suas posições atuais devido à deriva das placas tectônicas.

A Teoria da Deriva Continental é uma concepção geológica que propõe que os continentes da Terra não são entidades fixas, mas sim massas de terra que se movem ao longo do tempo. Essa teoria revolucionária foi proposta pelo meteorologista e geofísico Alfred Wegener no início do século XX e desafia a visão tradicional de que a Terra é uma superfície sólida e imutável.

A base da teoria reside na observação de que os contornos dos continentes, especialmente na costa leste da América do Sul e na costa oeste da África, parecem se encaixar perfeitamente. Wegener também notou semelhanças geológicas entre essas regiões, como a presença de formações rochosas e fósseis idênticos em ambos os lados do Atlântico. Essas evidências levaram à conclusão de que os continentes estavam unidos em um supercontinente chamado Pangeia.

A explicação para a deriva continental está fundamentada na hipótese de que a litosfera terrestre é dividida em grandes placas tectônicas que flutuam sobre o manto mais fluido abaixo delas. Essas placas estão em constante movimento, impulsionadas por correntes de convecção no manto. Os continentes, presos à superfície das placas, movem-se com elas ao longo de milhões de anos.

A formação dos continentes, de acordo com Wegener, ocorre através de dois processos principais: a divergência e a convergência das placas tectônicas. Quando elas se afastam, ocorre a divergência, formando novas crostas oceânicas no processo conhecido como expansão do fundo oceânico. Por outro lado, quando se chocam, ocorre a convergência, resultando em subducção, onde uma placa é empurrada para baixo da outra.

A deriva continental influencia diretamente a formação e a configuração dos continentes ao longo do tempo geológico. Por exemplo, a separação gradual da Pangeia levou à formação dos continentes que conhecemos hoje. E, as interações entre as placas tectônicas também são cruciais na criação de características geográficas como montanhas, fossas oceânicas e vulcões.

Capítulo 20

Desafios relacionados à gestão de resíduos urbanos

Os desafios incluem o aumento da quantidade de resíduos gerados, questões de poluição e saúde pública, necessidade de reciclagem eficaz e a promoção de práticas sustentáveis para lidar com os resíduos urbanos.

Um dos principais desafios é a quantidade volumosa de resíduos gerados diariamente nas cidades. O aumento da população urbana contribui diretamente para o acréscimo desses resíduos, sobrecarregando os sistemas de coleta e tratamento. A falta de infraestrutura adequada e investimentos insuficientes muitas vezes resultam em serviços ineficientes, levando a problemas como acúmulo de lixo nas ruas, poluição do solo e da água, e impactos negativos na saúde pública.

Além disso, a diversidade dos tipos de resíduos urbanos, que incluem desde materiais recicláveis até resíduos perigosos, torna a gestão ainda mais desafiadora. A implementação de sistemas eficazes de coleta seletiva e a conscientização da população sobre a importância da separação de resíduos são fundamentais para promover a reciclagem e reduzir a quantidade de resíduos destinados aos aterros sanitários.

Outro desafio significativo está relacionado à disposição final dos resíduos. A escassez de áreas adequadas para aterros sanitários e a resistência das comunidades locais à sua instalação contribuem para a busca por alternativas mais sustentáveis, como a incineração e a compostagem. No entanto, essas opções também apresentam desafios ambientais e sociais, exigindo cuidados na sua implementação.

A gestão de resíduos urbanos também está ligada à problemática global das mudanças climáticas. O metano liberado a partir da decomposição de resíduos orgânicos em aterros sanitários contribui significativamente para o aquecimento global. A transição para tecnologias mais limpas e a promoção de práticas de consumo sustentável são, portanto, cruciais para enfrentar esse desafio em nível global.

Capítulo 21

Como a Geografia influencia os padrões de comércio internacional

A Geografia influencia o comércio internacional determinando a localização de recursos, acessibilidade aos mercados, rotas de transporte e portos. Fatores geográficos moldam as dinâmicas comerciais entre países.

A distribuição desigual dos recursos naturais desencadeia padrões distintos de comércio. Nações com abundância de recursos, como minerais, petróleo ou terras férteis, muitas vezes se especializam na produção desses bens e os exportam para países que carecem desses recursos. Essa vantagem comparativa baseada em recursos naturais cria interdependências econômicas, onde as nações buscam suprir suas deficiências através do comércio internacional.

A topografia e o clima também desempenham um papel crítico. Regiões montanhosas, desertos ou áreas com climas extremos podem dificultar o desenvolvimento econômico e a produção de certos bens. Por outro lado, áreas com condições favoráveis podem se tornar centros de produção eficientes, incentivando a especialização e o comércio internacional.

Falando sobre influência, destacamos a proximidade geográfica como um fator determinante nos padrões de comércio. A Teoria das Distâncias de Comércio destaca que as nações tendem a comercializar mais entre si quando estão geograficamente próximas, devido a custos de transporte menores e uma maior facilidade logística. Blocos comerciais regionais, como a União Europeia ou o Mercosul, ilustram como a proximidade geográfica facilita acordos comerciais mais estreitos.

A infraestrutura de transporte, como portos, estradas e ferrovias, também é crucial. Nações com redes de transporte bem desenvolvidas têm vantagens competitivas, pois facilitam o movimento eficiente de mercadorias. Isso incentiva a formação de corredores comerciais e hubs logísticos que desempenham um papel vital nos padrões de comércio internacional.

Os fatores humanos, como densidade populacional e distribuição urbana, também moldam o comércio. Áreas densamente povoadas muitas vezes se tornam centros consumidores significativos, enquanto regiões com baixa densidade podem se especializar na produção de commodities agrícolas. O crescimento urbano impulsiona a demanda por uma variedade de bens, influenciando as tendências de importação e exportação.

Capítulo 22

Zonas de convergência e divergência na Geografia Climática

Zonas de convergência climática ocorrem quando massas de ar se encontram, geralmente resultando em precipitação. Zonas de divergência climática, ao contrário, estão associadas à descida do ar, muitas vezes levando a climas mais secos.

A geografia climática é uma disciplina que se debruça sobre os padrões atmosféricos e climáticos que moldam as condições meteorológicas em diferentes regiões do globo. Duas características fundamentais deste estudo são as zonas de convergência e divergência, que desempenham papéis cruciais na definição dos climas de diversas áreas do planeta.

As zonas de convergência referem-se a áreas onde massas de ar de diferentes origens encontram-se e colidem. Esse fenômeno é notável nas latitudes tropicais, onde os ventos alísios do hemisfério norte e sul se encontram na Zona de Convergência Intertropical (ZCIT). Nesse ponto, o ar quente e úmido ascende, criando condições ideais para a formação de chuvas e tempestades tropicais. A convergência de massas de ar também pode ocorrer em latitudes médias, gerando frentes, ciclones e variações climáticas marcantes.

Por outro lado, as zonas de divergência são áreas onde as massas de ar se afastam umas das outras. Um exemplo notável é a região subtropical, onde os ventos descendentes das latitudes médias criam a Zona de Alta Pressão Subtropical. Nesse ambiente, a estabilidade atmosférica e a escassez de umidade contribuem para a formação de desertos, como o Saara na África e o Atacama na América do Sul. São caracterizadas por climas áridos e semiáridos devido à falta de umidade e à predominância de condições secas.

Atuam de forma fundamental na circulação atmosférica global, influenciando diretamente os padrões climáticos regionais. Esses fenômenos não apenas determinam a distribuição de chuvas e temperaturas, mas também influenciam os ecossistemas, a agricultura e a vida humana em geral.

Capítulo 23

Os principais indicadores de desenvolvimento regional

Indicadores incluem Produto Interno Bruto (PIB) regional, acesso a serviços básicos, taxas de emprego, infraestrutura e educação. Esses elementos ajudam a avaliar o desenvolvimento em diferentes regiões.

No âmbito econômico, o Produto Interno Bruto (PIB) é um dos principais indicadores de desenvolvimento regional. Ele quantifica a produção de bens e serviços em uma determinada região, permitindo a análise da sua contribuição para a economia nacional. Outro fator de destaque é a renda per capita, um indicador importante, pois considera a distribuição de riqueza entre os habitantes, evidenciando disparidades regionais.

A qualidade de vida é frequentemente medida por indicadores sociais, como o Índice de Desenvolvimento Humano (IDH). Esse índice leva em consideração aspectos como educação, expectativa de vida e renda, proporcionando uma visão abrangente do bem-estar da população. A taxa de desemprego e a informalidade no mercado de trabalho também são cruciais para compreender as condições de vida em uma região.

A educação é um fator-chave para o desenvolvimento regional, e indicadores como a taxa de escolaridade e o nível de escolaridade da população são fundamentais. Investir na educação é essencial para promover o desenvolvimento sustentável a longo prazo, capacitando as pessoas e impulsionando a inovação e a produtividade.

A saúde da população é avaliada por indicadores como a taxa de mortalidade infantil, a expectativa de vida ao nascer e a cobertura de serviços de saúde. Esses indicadores refletem não apenas a qualidade dos serviços de saúde, mas também as condições de vida e os fatores ambientais que influenciam a saúde das comunidades.

O Índice de Gini é uma medida estatística fundamental para avaliar a desigualdade de renda dentro de uma determinada população. Representa a relação entre a curva de Lorenz e a linha de igualdade. Quanto mais a curva de Lorenz se desvia da linha de igualdade em direção ao canto superior esquerdo do gráfico, maior é a desigualdade de renda e, consequentemente, maior é o valor.

Sua aplicação abrange diversos campos, desde economia e sociologia até política e desenvolvimento. No entanto, é importante reconhecer suas limitações, uma vez que, não captura completamente outras formas de desigualdade, como desigualdade de acesso a serviços básicos, educação e saúde.

Por fim, os indicadores ambientais ganham cada vez mais relevância, dada a importância da sustentabilidade. A qualidade do ar, a disponibilidade de recursos naturais e a gestão de resíduos são exemplos de indicadores que refletem o impacto ambiental de uma região.

Capítulo 24

Como as políticas ambientais globais afetam diferentes países

As políticas ambientais globais impactam países de maneira variada, dependendo de sua capacidade de adesão, recursos disponíveis e níveis de desenvolvimento. Podem influenciar padrões de produção, emissões e conservação.

As políticas ambientais globais moldam o panorama ambiental em diferentes países ao redor do mundo. Essas políticas, muitas vezes derivadas de acordos internacionais e convenções, têm o objetivo de enfrentar desafios ambientais compartilhados e promover práticas sustentáveis. A eficácia dessas políticas, pode variar significativamente de um país para outro, dependendo de uma série de fatores, incluindo contextos históricos, socioeconômicos e políticos.

Um aspecto importante a considerar é a assimetria na capacidade de cumprir as metas estabelecidas. Países desenvolvidos muitas vezes têm recursos e infraestrutura mais robustos para implementar medidas ambientais e atender a padrões mais rigorosos. Por outro lado, nações em desenvolvimento podem enfrentar desafios consideráveis, incluindo falta de financiamento, capacidade institucional limitada e pressões econômicas que podem dificultar a adesão plena às diretrizes ambientais globais.

Outro ponto a ser abordado é a distribuição desigual dos impactos ambientais. Muitas políticas ambientais globais buscam abordar problemas transfronteiriços, como as mudanças climáticas e a perda de biodiversidade. No entanto, as consequências desses desafios não são distribuídas uniformemente. Países que contribuíram historicamente para as emissões de gases de efeito estufa, por exemplo, podem ter um impacto mais significativo, enquanto outros podem enfrentar os efeitos colaterais sem terem contribuído de maneira significativa para o problema.

É desempenhado um papel crucial nas dinâmicas por parte da geopolítica. A cooperação internacional muitas vezes é moldada por interesses nacionais e rivalidades, o que pode influenciar a adesão aos tratados e acordos ambientais. A busca por recursos naturais, tecnologias ambientais e a competição econômica podem afetar a vontade dos países em seguir as orientações globais.

É fundamental reconhecer que a implementação efetiva requer uma abordagem inclusiva e sensível às disparidades existentes. A colaboração entre nações, considerando suas circunstâncias individuais, pode promover a equidade e a eficácia dessas políticas. Isso inclui a transferência de tecnologias verdes, a mobilização de recursos financeiros e o estabelecimento de mecanismos que reconheçam as responsabilidades comuns, mas diferenciadas.

Capítulo 25

Os impactos da urbanização descontrolada nas megacidades

A urbanização descontrolada pode resultar em problemas como congestionamento, poluição, falta de infraestrutura, desigualdades socioeconômicas e pressão sobre os recursos naturais, afetando a qualidade de vida nas megacidades.

No contexto socioeconômico, a urbanização descontrolada muitas vezes resulta em uma concentração de pobreza e desigualdades. A falta de planejamento urbano eficiente contribui para a formação de assentamentos informais e precários, onde comunidades enfrentam condições precárias de moradia, falta de acesso a serviços básicos como saúde e educação, além de altos índices de desemprego. A marginalização social nestas áreas periféricas pode levar a problemas como violência, exclusão e segregação.

No âmbito ambiental, a expansão desordenada das megacidades frequentemente resulta na degradação dos ecossistemas locais. Áreas verdes são substituídas por edificações, estradas e infraestruturas urbanas, contribuindo para a perda da biodiversidade e fragmentação dos habitats naturais. Além disso, a falta de gestão eficaz de resíduos sólidos e poluição do ar e da água são desafios ambientais graves que surgem com a urbanização descontrolada, comprometendo a saúde dos ecossistemas e das populações urbanas.

No aspecto infraestrutural, o crescimento rápido e desordenado das megacidades sobrecarrega os sistemas de transporte, saneamento e abastecimento de água. Congestionamentos, falta de mobilidade e escassez de recursos básicos são comuns, afetando a eficiência e a sustentabilidade das cidades. Ademais, eventos climáticos extremos podem amplificar esses desafios, resultando em impactos ainda mais severos nas infraestruturas urbanas vulneráveis.

Capítulo 26

O papel da Geografia na formulação de políticas globais para enfrentar mudanças climáticas

A Geografia desempenha um papel fundamental na compreensão das disparidades na distribuição de impactos das mudanças climáticas. Ela auxilia na identificação de regiões mais vulneráveis e na formulação de políticas adaptativas e mitigadoras específicas para cada contexto geográfico.

A disciplina geográfica oferece uma perspectiva única, integrando conhecimentos físicos e humanos, essenciais para abordar os desafios complexos que as mudanças climáticas apresentam, fornecendo uma base sólida para compreender os padrões e as interconexões dos fenômenos ambientais.

Em primeiro lugar, a geografia física desempenha um papel fundamental ao mapear e compreender os impactos das mudanças climáticas nos sistemas naturais. Estudando padrões climáticos, oceanos, ecossistemas e a topografia do terreno, os geógrafos fornecem informações valiosas sobre áreas vulneráveis e propensas a eventos extremos, como furacões, secas e inundações. Essa compreensão espacial permite uma alocação eficiente de recursos e a implementação de medidas preventivas em regiões mais suscetíveis.

Além disso, a geografia humana é determinante ao examinar as dimensões sociais e econômicas das mudanças climáticas. Estudando o modo como as comunidades estão distribuídas pelo planeta, os padrões de consumo e as atividades econômicas, os geógrafos oferecem insights sobre as disparidades na capacidade de diferentes regiões enfrentarem os desafios climáticos.

Isso é vital para garantir que as políticas globais sejam adaptadas às necessidades específicas de cada localidade, levando em consideração questões de justiça social e equidade.

A geografia política também formula políticas globais para enfrentar as mudanças climáticas, ao analisar as relações de poder entre os países, os acordos internacionais e as negociações climáticas, os geógrafos identificam desafios geopolíticos que podem dificultar a implementação eficaz de políticas ambientais. Compreender essas dinâmicas é essencial para promover a cooperação internacional e superar obstáculos diplomáticos na busca por soluções sustentáveis.

No entanto, a geografia econômica fornece ideias sobre as interações complexas entre as atividades econômicas globais e as mudanças climáticas. Ao analisar as cadeias de suprimentos, os fluxos comerciais e as emissões de carbono associadas, os geógrafos contribuem para a identificação de setores que requerem transformações significativas. Isso é vital para orientar políticas que promovam a transição para uma economia de baixo carbono e incentivam práticas sustentáveis em escala global.

Capítulo 27

A influência da geopolítica nas relações internacionais e a distribuição de poder no mundo

A geopolítica explora como características geográficas, como localização, recursos naturais e fronteiras, afetam as relações internacionais. Ela também analisa como as nações buscam e exercem poder, moldando alianças e conflitos no cenário global.

A localização geográfica de um país muitas vezes determina sua posição estratégica no cenário mundial. Nações que compartilham fronteiras tendem a ter relações mais próximas, influenciadas pela proximidade física e pela necessidade de gerenciar recursos compartilhados.

O acesso a rotas marítimas e a presença em áreas estratégicas podem conferir vantagens significativas em termos de comércio e segurança.

Os recursos naturais, distribuídos de forma desigual pelo planeta, desempenham um papel crucial na geopolítica. Países ricos em recursos, como petróleo, gás natural e minerais, muitas vezes exercem uma influência considerável no cenário internacional. O controle desses recursos pode ser uma fonte de poder econômico e político, moldando as alianças e rivalidades entre as nações.

A busca por influência e poder muitas vezes leva a competições geopolíticas, tanto regionais quanto globais. Isso pode se manifestar em rivalidades territoriais, disputas por rotas comerciais ou até mesmo em conflitos armados. A Guerra Fria, por exemplo, foi um período em que as superpotências globais competiam pela influência política e ideológica em todo o mundo, levando a alianças estratégicas e confrontos em várias regiões.

As organizações internacionais, como as Nações Unidas (ONU), também são moldadas pela geopolítica. A distribuição de poder no Conselho de Segurança, por exemplo, reflete as realidades geopolíticas do pós-Segunda Guerra Mundial, com as potências vitoriosas ocupando posições privilegiadas.

Muitas vezes, as mudanças na geopolítica resultam em realinhamentos de poder. O surgimento de novos atores globais, como potências regionais em ascensão, pode alterar significativamente o equilíbrio de poder existente.

Capítulo 28

Desafios éticos e socioeconômicos associados à exploração de recursos naturais em áreas de conflito

A exploração de recursos naturais em áreas de conflito pode gerar desafios éticos, como a exploração de comunidades locais, e socioeconômicos, incluindo a perpetuação de conflitos armados para controlar tais recursos. A Geografia analisa os impactos territoriais dessas explorações e busca soluções equitativas.

A exploração de recursos naturais em áreas de conflito apresenta uma série de desafios éticos e socioeconômicos que impactam profundamente as comunidades locais, o meio ambiente e as relações globais. Este fenômeno complexo exige uma análise abrangente para entender as implicações em diferentes níveis.

Primeiramente, os desafios éticos são evidentes nas práticas muitas vezes questionáveis das empresas envolvidas na exploração de recursos em áreas de conflito. Frequentemente, essas empresas enfrentam acusações de conivência com regimes autoritários, violações dos direitos humanos e exploração desenfreada de trabalhadores locais. A busca por lucro muitas vezes se sobrepõe aos valores éticos, resultando em condições de trabalho precárias, deslocamento forçado de comunidades locais e degradação ambiental.

A exploração de recursos naturais em áreas de conflito está intrinsecamente ligada aos desafios socioeconômicos. A presença de recursos valiosos muitas vezes intensifica os conflitos existentes, alimentando a instabilidade política e a violência. Essa dinâmica cria um ciclo vicioso, onde a competição por recursos escassos contribui para a perpetuação dos conflitos, gerando instabilidade econômica e social.

A população local frequentemente sofre as consequências mais graves, enfrentando deslocamento, perda de meios de subsistência tradicionais e falta de acesso a recursos básicos.

As comunidades locais, muitas vezes, não compartilham justamente os benefícios da exploração de recursos em seus territórios, exacerbando as desigualdades sociais e econômicas. Isso resulta em um impacto direto sobre a qualidade de vida das pessoas, com implicações de longo prazo para o desenvolvimento sustentável das regiões afetadas.

No âmbito global, a exploração de recursos em áreas de conflito pode contribuir para a perpetuação de conflitos armados, desestabilizando regiões inteiras e dificultando esforços de paz e reconciliação. Além disso, as cadeias de abastecimento globais muitas vezes tornam difícil para os consumidores rastrear a origem dos produtos, o que impede a responsabilização efetiva das empresas envolvidas na exploração irresponsável de recursos em áreas de conflito.

Capítulo 29

Como a Geografia contribui para a compreensão das disparidades socioeconômicas em escalas local, nacional e global

A geografia analisa padrões espaciais de desenvolvimento, identificando desigualdades socioeconômicas em diferentes escalas. Ela explora como fatores geográficos, como acesso a recursos e localização, contribuem para disparidades e influenciam estratégias de desenvolvimento.

Ao analisar as características geográficas, como localização, relevo, clima e recursos naturais, é possível identificar padrões e entender como esses elementos interagem com fatores sociais e econômicos, contribuindo para a criação e manutenção de desigualdades.

No nível local, a Geografia examina as especificidades de uma região, levando em consideração a distribuição de recursos, acessibilidade a mercados e infraestrutura. Isso influencia diretamente o desenvolvimento econômico local e, consequentemente, as disparidades entre comunidades vizinhas. A proximidade de recursos naturais, a presença de centros urbanos e a conectividade com vias de transporte desempenham papéis fundamentais na determinação das oportunidades econômicas disponíveis para uma determinada população.

Ao expandir a análise para a escala nacional, a geografia destaca as disparidades regionais que podem ser observadas em um país. Diferenças na distribuição de recursos, densidade populacional e infraestrutura contribuem para a criação de centros de desenvolvimento econômico e áreas periféricas menos favorecidas. A localização estratégica de uma nação em relação a rotas comerciais globais também pode desempenhar um papel importante na formação de disparidades econômicas entre diferentes países.

Na escala global, a geografia econômica examina as relações entre nações, considerando fatores como comércio internacional, fluxos migratórios e dependência de recursos naturais. A análise geográfica das cadeias de abastecimento globais revela como certas regiões se tornam centros de produção e acumulação de riqueza, enquanto outras permanecem em posições periféricas, muitas vezes exploradas para fornecer matéria-prima a preços desfavoráveis.

A geografia humana explora as características sociais que influenciam as disparidades socioeconômicas, como demografia, educação, saúde e distribuição de grupos étnicos. Entender como esses fatores interagem com as condições geográficas amplia nosso conhecimento sobre as desigualdades presentes em diferentes escalas.

Capítulo 30

O impacto das tecnologias de informação e comunicação na reconfiguração das redes urbanas e rurais

As tecnologias de informação e comunicação alteram as dinâmicas urbanas e rurais ao facilitar a conectividade. Isso inclui mudanças nos padrões de trabalho, acessibilidade a serviços e influência na organização do espaço. A geografia examina essas transformações e seus efeitos na estrutura social e espacial.

No contexto urbano, as TICs têm promovido uma redefinição dos padrões de mobilidade e acessibilidade. A ascensão de aplicativos de transporte compartilhado, como Uber e Lyft, está alterando a dinâmica dos deslocamentos urbanos, impactando a demanda por estacionamentos e influenciando a configuração do espaço urbano. Além disso, o teletrabalho, facilitado por avançadas infra estruturas de comunicação, têm modificado as necessidades de espaço nos centros urbanos, com potencial para descentralizar as atividades econômicas.

A influência das TICs nas áreas rurais é igualmente significativa. A conectividade digital tem reduzido as barreiras físicas e temporais, permitindo que comunidades rurais participem de redes globais. O comércio eletrônico, por exemplo, possibilita que produtores rurais alcancem mercados distantes, promovendo uma integração mais estreita entre o rural e o urbano. A automação e a aplicação de tecnologias inteligentes na agricultura estão transformando as práticas agrícolas, aumentando a eficiência e, por vezes, alterando a dinâmica demográfica das áreas rurais.

A urbanização acelerada e a busca por oportunidades nas cidades continuam, mas as TICs estão desafiando a ideia tradicional de que o desenvolvimento está intimamente ligado à concentração urbana. O acesso à informação e à educação online, por exemplo, permite que áreas rurais acessem conhecimento e oportunidades de desenvolvimento sem a necessidade de migração para centros urbanos.

Vale ressaltar, que o impacto das TICs não é uniforme, e a chamada "divisão digital" pode ampliar as disparidades entre áreas urbanas e rurais. A infraestrutura de comunicação desigual pode resultar em exclusão digital, limitando o potencial de algumas comunidades para se beneficiarem plenamente das oportunidades proporcionadas pelas TICs.

Capítulo 31

Como as dinâmicas geográficas influenciam os movimentos sociais e as lutas por justiça espacial

As dinâmicas geográficas, incluindo distribuição de recursos e acesso a serviços, desempenham um papel central nas lutas por justiça espacial. Movimentos sociais muitas vezes buscam mudanças na distribuição territorial de recursos e oportunidades, e a geografia analisa como essas dinâmicas moldam tais movimentos.

Inicialmente, é essencial considerar como as características físicas do espaço, como topografia, clima e recursos naturais, influenciam diretamente as dinâmicas sociais. Regiões propensas a desastres naturais, por exemplo, podem gerar movimentos sociais em busca de resiliência e justiça ambiental. Da mesma forma, a distribuição desigual de recursos naturais pode ser um catalisador para protestos e reivindicações por equidade econômica.

Outro ponto a destacar é a organização do espaço urbano, que atua ferrenhamente nos movimentos sociais contemporâneos. A segregação espacial, muitas vezes baseada em fatores socioeconômicos e étnicos, pode gerar demandas por justiça social e acessibilidade.

Comunidades marginalizadas em áreas urbanas frequentemente enfrentam desafios como falta de serviços básicos, moradia precária e discriminação, alimentando movimentos que buscam transformações estruturais.

As transformações geoeconômicas também têm um impacto significativo nos movimentos sociais. A globalização, por exemplo, cria interconexões econômicas que, por sua vez, moldam as dinâmicas sociais em diferentes escalas. As desigualdades resultantes podem motivar movimentos que buscam justiça global, equidade nos fluxos comerciais e direitos dos trabalhadores.

As fronteiras geopolíticas também são fonte de conflitos e movimentos sociais. Disputas territoriais e questões de autonomia cultural podem levar a manifestações pela justiça espacial e reconhecimento de identidades regionais. A luta por direitos territoriais de povos indígenas, por exemplo, é profundamente enraizada em questões geográficas.

Aí nós conseguimos entender como a tecnologia e as comunicações modernas transformaram as dinâmicas dos movimentos sociais, permitindo uma mobilização mais eficaz em nível global. A disseminação instantânea de informações geográficas e sociais pode catalisar a solidariedade entre diferentes grupos, transcendendo fronteiras físicas.

Capítulo 32

Os efeitos geopolíticos das mudanças no Ártico devido ao aquecimento global

O aquecimento global no Ártico tem implicações geopolíticas, incluindo disputas territoriais, acesso a novas rotas de navegação e exploração de recursos. A geografia examina essas mudanças e como afetam as relações internacionais na região.

O rápido derretimento do gelo ártico e o aumento das temperaturas na região têm consequências profundas, impactando não apenas o meio ambiente, mas também estratégias políticas e econômicas.

O Ártico, uma vez considerado uma região inóspita e inacessível, está se tornando cada vez mais acessível devido à redução do gelo marinho. Isso abre novas rotas de navegação, encurtando significativamente as distâncias entre os mercados asiáticos e europeus. Países como Rússia, Canadá, Noruega, Dinamarca e Estados Unidos estão buscando reivindicar territórios e recursos na região, intensificando as disputas territoriais.

Outro ponto é a crescente disponibilidade de recursos naturais, como petróleo, gás e minerais, no Ártico tem despertado o interesse de muitas nações, levando a competições pelo acesso e controle desses recursos. As fronteiras marítimas e as reivindicações territoriais tornam-se cada vez mais cruciais, resultando em tensões diplomáticas entre os Estados árticos e não-árticos.

O aumento da atividade econômica na região também levanta questões ambientais e de segurança. A exploração de recursos e o aumento do tráfego marítimo podem levar a riscos ambientais significativos, como derramamentos de petróleo e impactos nos ecossistemas frágeis do Ártico. E a presença militar se intensifica à medida que as nações buscam proteger seus interesses estratégicos na região, elevando as preocupações sobre a militarização do Ártico.

As mudanças climáticas no Ártico também têm implicações globais, contribuindo para o aumento do nível do mar e influenciando os padrões climáticos em todo o mundo. Isso desencadeia preocupações sobre a segurança global, especialmente para países vulneráveis às mudanças climáticas.

Capítulo 33

Como as fronteiras marítimas e os direitos sobre os oceanos são negociados e disputados entre as nações

A negociação e disputa de fronteiras marítimas envolvem questões geográficas complexas, como a delimitação de plataformas continentais e zonas econômicas exclusivas. A geografia desempenha um papel fundamental na compreensão e resolução desses conflitos.

As fronteiras marítimas e os direitos sobre os oceanos representam questões cruciais no cenário geopolítico global, sendo o palco de intensas negociações e, por vezes, acaloradas disputas entre as nações. Para compreender esses processos complexos, é fundamental analisar a geografia dos oceanos e as bases legais que orientam as relações entre os países.

O direito internacional do mar é regido pela Convenção das Nações Unidas sobre o Direito do Mar (CNUDM), adotada em 1982. Essa convenção estabelece regras e princípios que visam garantir o uso pacífico e equitativo dos oceanos, promovendo a cooperação entre os Estados costeiros. A interpretação dessas regras e a delimitação de fronteiras marítimas específicas muitas vezes geram desacordos.

A delimitação das fronteiras marítimas envolve a definição de zonas econômicas exclusivas (ZEE) e plataformas continentais, onde os Estados exercem direitos soberanos sobre os recursos naturais. A negociação dessas fronteiras pode ser influenciada por fatores geofísicos, como a topografia do leito oceânico, a presença de recursos naturais e até mesmo as correntes marítimas. Questões políticas e estratégicas muitas vezes desempenham um papel significativo.

A disputa por áreas ricas em recursos naturais, como petróleo e gás, frequentemente alimenta tensões entre as nações. O Mar da China Meridional, por exemplo, é palco de disputas territoriais envolvendo vários países ribeirinhos. O controle de ilhas e recifes pode ser central nessas disputas, pois essas características geográficas muitas vezes estabelecem a extensão das ZEEs.

Os mecanismos para resolver essas disputas variam, e a CNUDM oferece ferramentas como a arbitragem e a resolução judicial. Alguns Estados preferem acordos bilaterais ou negociações diretas. A busca por interesses nacionais, aliada à complexidade geográfica, muitas vezes torna o processo moroso e desafiador.

A evolução da tecnologia, como o uso de sistemas de mapeamento avançados e a exploração de recursos no leito oceânico, atuam de forma massiva nas negociações. Novas descobertas podem redefinir as prioridades e interesses das nações envolvidas, levando a ajustes nas fronteiras marítimas estabelecidas.

Capítulo 34

Desafios e oportunidades associados à gestão integrada de bacias hidrográficas em contextos transfronteiriços

A gestão de bacias hidrográficas transfronteiriças envolve desafios geográficos, como a coordenação entre diferentes jurisdições e a consideração das necessidades de múltiplos atores. A geografia contribui para a compreensão desses desafios e a busca por soluções sustentáveis.

Um dos principais desafios enfrentados na gestão de bacias transfronteiriças é a disparidade nas políticas e regulamentações entre países. Cada nação tem sua abordagem única para a gestão da água, o que pode resultar em conflitos de interesses e dificuldades na implementação de práticas unificadas. Dessa forma, as diferenças nos níveis de desenvolvimento econômico e nas capacidades institucionais podem criar desequilíbrios na gestão dos recursos hídricos, impactando diretamente comunidades e ecossistemas ao longo das fronteiras.

A escassez de dados e a falta de monitoramento integrado também se destacam como desafios significativos. Muitas bacias transfronteiriças carecem de uma rede eficaz de monitoramento hidrológico e meteorológico, dificultando a compreensão abrangente dos padrões climáticos e das demandas hídricas. A falta de informações precisas pode prejudicar a tomada de decisões informadas, comprometendo a eficácia das políticas de gestão.

Contudo, apesar desses desafios, a gestão integrada de bacias transfronteiriças oferece oportunidades para fortalecer a cooperação internacional e promover o desenvolvimento sustentável. A colaboração entre países na elaboração de acordos e tratados para a gestão compartilhada dos recursos hídricos pode criar uma base sólida para a resolução de conflitos e a promoção da equidade. A implementação de estratégias conjuntas de conservação e uso eficiente da água pode levar a benefícios socioeconômicos e ambientais para todas as partes envolvidas.

A gestão integrada também permite abordar questões transversais, como a adaptação às mudanças climáticas e a preservação da biodiversidade aquática. Ao unir esforços, os países podem desenvolver planos de manejo sustentável que garantam a disponibilidade de água para as gerações futuras e minimizem os impactos negativos nos ecossistemas aquáticos.

Capítulo 35

Como as transformações urbanas e a gentrificação afetam as identidades culturais e sociais das comunidades locais

As transformações urbanas, incluindo a gentrificação, têm implicações geográficas nas dinâmicas sociais e culturais das comunidades locais. A geografia explora como mudanças no ambiente urbano impactam identidades, relações comunitárias e acessibilidade a recursos.

As transformações urbanas têm sido uma constante na história das cidades, muitas vezes impulsionadas pelo desenvolvimento econômico e as mudanças nas necessidades da sociedade. Porém, é crucial analisar como essas transformações impactam as identidades culturais e sociais das comunidades locais, especialmente quando se trata do fenômeno da gentrificação.

A gentrificação, processo no qual áreas urbanas deterioradas passam por revitalização, frequentemente resulta em uma mudança demográfica e socioeconômica significativa. O influxo de investimentos, a reabilitação de espaços e a chegada de uma nova classe de moradores muitas vezes levam ao aumento dos preços imobiliários, tornando as áreas antes acessíveis agora inacessíveis para os residentes de baixa renda.

O impacto mais imediato da gentrificação nas identidades culturais é a reconfiguração do tecido social das comunidades locais. Muitos residentes tradicionais se vêem deslocados devido ao aumento dos custos de vida, criando uma dinâmica de exclusão que afeta diretamente as relações sociais estabelecidas ao longo do tempo. A gentrificação muitas vezes resulta na perda de espaços culturais autênticos, substituídos por estabelecimentos comerciais modernos e padronizados.

Com o passar do tempo, as transformações urbanas e a gentrificação podem levar à descaracterização dos espaços urbanos, removendo elementos que contam a história e a identidade das comunidades. Edifícios históricos são substituídos por estruturas modernas, contribuindo para a perda da memória coletiva. Essa descaracterização impacta diretamente a conexão emocional das pessoas com o ambiente em que vivem, minando as raízes culturais que definiam a singularidade da comunidade.

A gentrificação também influencia as dinâmicas econômicas locais. O comércio tradicional muitas vezes cede espaço para grandes cadeias e empreendimentos de luxo, marginalizando pequenos empresários e afetando negativamente as práticas econômicas que sustentavam as comunidades. Esse processo pode resultar na homogeneização dos espaços urbanos, diminuindo a diversidade e a autenticidade que antes caracterizavam as áreas em transformação.

Mas, é importante dizer que a gentrificação não é um fenômeno homogêneo, e seus impactos variam de acordo com o contexto local. Em alguns casos, iniciativas de planejamento urbano podem buscar mitigar os efeitos negativos, promovendo inclusão social e preservação cultural. A participação ativa das comunidades no processo de transformação urbana é essencial para garantir que suas identidades culturais e sociais sejam respeitadas e preservadas.

Capítulo 36

O papel das cidades globais na economia mundial e como elas contribuem para a polarização econômica

As cidades globais desempenham um papel central na economia mundial, concentrando atividades financeiras, comerciais e culturais. Mas, essa concentração também pode contribuir para a polarização econômica, ampliando as disparidades entre regiões urbanas e rurais.

Seu papel multifacetado abrange não apenas aspectos econômicos, mas também políticos, sociais e culturais. É inegável que o impacto econômico das cidades globais têm contribuído para a polarização econômica em diversas escalas.

É essencial nós compreendermos que as cidades globais são pontos nevrálgicos de poder econômico, concentrando uma parcela substancial das atividades financeiras, comerciais e industriais. Centros financeiros como Nova York, Londres e Tóquio não apenas abrigam grandes instituições bancárias, mas também ditam as tendências econômicas globais. Essas cidades são cruciais para o funcionamento dos mercados financeiros internacionais, influenciando taxas de câmbio, investimentos e políticas monetárias.

A concentração de empresas transnacionais em cidades globais é outro fator que impulsiona a polarização econômica. Grandes corporações multinacionais escolhem essas cidades como sede devido à infraestrutura desenvolvida, acesso a talentos qualificados e conexões internacionais.

Enquanto isso, regiões periféricas enfrentam desafios na competição global, resultando em disparidades econômicas regionais. A concentração de empregos de alta remuneração e oportunidades de negócios em cidades globais cria um ciclo de desenvolvimento desigual.

Mais do que isso, as cidades globais desempenham um papel crucial nas cadeias globais de produção. Elas servem como centros logísticos, facilitando o comércio internacional e conectando diferentes partes do mundo. Essa conectividade muitas vezes beneficia mais as próprias cidades globais do que as áreas circunvizinhas. A polarização econômica é evidente quando se observa a diferença de desenvolvimento entre cidades altamente conectadas e aquelas que estão à margem dos principais fluxos globais.

A polarização econômica também é exacerbada pela migração seletiva de talentos. Profissionais altamente qualificados muitas vezes buscam oportunidades nas cidades globais, deixando regiões menos desenvolvidas com uma escassez de recursos humanos qualificados. Isso cria um ciclo em que as cidades globais continuam a atrair talentos, enquanto áreas periféricas lutam para competir, resultando em disparidades de desenvolvimento.

Capítulo 37

Como a geografia contribui para a compreensão das causas e impactos dos desastres naturais em diferentes regiões

A geografia analisa as causas dos desastres naturais, como terremotos e furacões, considerando fatores geográficos como localização, clima e topografia. Além disso, explora como as comunidades em diferentes regiões são afetadas de maneira distinta, influenciando estratégias de preparação e resposta.

A interação complexa natureza-atividades humanas exige uma abordagem multidisciplinar, e é nesse contexto que a Geografia se destaca, permitindo uma compreensão abrangente das causas e impactos dos desastres em diferentes regiões.

Inicialmente, a Geografia física desempenha um papel fundamental ao examinar as características geológicas, climáticas e topográficas das áreas propensas a desastres naturais. A identificação de falhas geológicas, padrões climáticos adversos e a topografia do terreno são cruciais para prever eventos como terremotos, furacões e deslizamentos de terra. A compreensão desses elementos físicos permite a elaboração de mapas de risco, fornecendo às comunidades informações valiosas para o planejamento urbano e a implementação de medidas de mitigação.

Já, a Geografia humana contribui significativamente para a compreensão dos impactos sociais e econômicos dos desastres naturais. Ao examinar fatores como densidade populacional, infraestrutura urbana e padrões de assentamento, os geógrafos podem avaliar a vulnerabilidade das comunidades a eventos extremos. A distribuição desigual dos recursos e a falta de acesso a serviços básicos muitas vezes amplificam os impactos dos desastres em grupos socioeconômicos específicos, revelando a interconexão entre a geografia social e os eventos naturais.

A análise das interações entre o ambiente físico e as atividades humanas, conhecida como Geografia Ambiental, é outra faceta essencial. A exploração de práticas agrícolas, gestão de recursos naturais e impactos das mudanças climáticas permite uma compreensão mais profunda das causas subjacentes aos desastres. Por exemplo, a degradação ambiental pode aumentar a probabilidade de inundações e deslizamentos de terra, enquanto as práticas agrícolas inadequadas podem intensificar a erosão do solo, contribuindo para eventos adversos.

A abordagem espacial da Geografia é crucial para avaliar a distribuição geográfica dos desastres naturais e seus efeitos. A análise das escalas local, regional e global ajuda a identificar padrões e tendências, permitindo a formulação de estratégias de preparação e resposta adaptadas a cada contexto. Um bom aliado é o uso de Sistemas de Informações Geográficas (SIG) que facilita a visualização e interpretação dos dados, auxiliando na tomada de decisões informadas.

Capítulo 38

As implicações geopolíticas das migrações forçadas devido a conflitos armados e mudanças ambientais

A migração forçada devido a conflitos e mudanças ambientais têm implicações geopolíticas complexas, envolvendo questões de segurança, recursos e direitos humanos. A geografia examina como esses movimentos populacionais influenciam as relações internacionais e as dinâmicas territoriais.

Conflitos Armados e Deslocamentos Humanos

Conflitos armados são uma fonte proeminente de migrações forçadas, desencadeando movimentos populacionais em larga escala. A geografia desses conflitos muitas vezes determina as rotas de fuga e os países de destino. Fronteiras tornam-se testemunhas das pressões humanas, e regiões vizinhas são impactadas por ondas de refugiados. Esta dinâmica resulta em desafios geopolíticos, desde o aumento da pressão sobre recursos locais até tensões diplomáticas decorrentes da chegada massiva de pessoas.

A localização estratégica de certos países, muitas vezes, os torna destinos principais para os deslocados, gerando complexidades geopolíticas. Estados fronteiriços podem enfrentar desafios significativos na gestão desses fluxos, ao passo que potências globais podem ver nas migrações forçadas uma oportunidade para exercer influência em regiões instáveis.

Mudanças Ambientais e Migrações

As mudanças ambientais, como eventos climáticos extremos, desertificação e elevação do nível do mar, são catalisadoras de deslocamentos populacionais. A geografia física desempenha um papel crucial, com áreas propensas a desastres tornando-se focos de migração. Esses deslocamentos criam desafios geopolíticos distintos, uma vez que não estão necessariamente vinculados a fronteiras políticas tradicionais.

A escassez de recursos naturais resultante das mudanças ambientais pode acirrar tensões entre comunidades locais e provocar conflitos, exacerbando ainda mais a complexidade geopolítica. Muitas vezes negligenciada em discussões geopolíticas, a migração interna pode criar tensões entre regiões dentro de um país.

Desafios e Oportunidades

O desafio para a comunidade internacional reside na necessidade de abordar as migrações forçadas de maneira colaborativa. A resposta apropriada demanda cooperação entre Estados, organizações internacionais e a sociedade civil. Geógrafos desempenham um papel vital na análise das rotas migratórias, padrões demográficos e na identificação de áreas propensas a conflitos devido às mudanças ambientais.

Além dos desafios, as migrações forçadas também oferecem oportunidades para a construção de pontes diplomáticas e a promoção da cooperação internacional. A compreensão da geografia desses movimentos permite a implementação de estratégias que visam mitigar os impactos negativos e promover soluções sustentáveis.

Capítulo 39

Como as políticas de desenvolvimento sustentável podem ser implementadas de maneira eficaz em diferentes contextos geográficos

A implementação eficaz de políticas de desenvolvimento sustentável requer consideração das características geográficas específicas de cada região. A geografia contribui para a adaptação de estratégias sustentáveis, levando em conta aspectos como ecossistemas locais, clima e padrões de assentamento.

O desenvolvimento sustentável é uma abordagem que visa atender às necessidades do presente sem comprometer a capacidade das futuras gerações de atenderem às suas próprias necessidades. Implementar políticas de desenvolvimento sustentável de maneira eficaz requer uma compreensão profunda dos contextos geográficos específicos, considerando as diversas interações entre sociedade, economia e ambiente.

É crucial reconhecer a diversidade geográfica e cultural que caracteriza nosso planeta. Cada região possui características únicas, como clima, recursos naturais, topografia e demografia, que influenciam diretamente nas estratégias de desenvolvimento sustentável. Por exemplo, em áreas propensas a desastres naturais, como furacões ou terremotos, as políticas sustentáveis devem incorporar medidas de resiliência e adaptação, garantindo a segurança das comunidades.

A disponibilidade e a gestão de recursos naturais são aspectos fundamentais a serem considerados. Em regiões áridas, a implementação de práticas agrícolas sustentáveis, como a agricultura de conservação, pode ser crucial para garantir a segurança alimentar. Em contraste, áreas ricas em biodiversidade podem se beneficiar de estratégias de preservação ambiental e manejo sustentável dos ecossistemas.

Outro ponto relevante é a consideração das disparidades socioeconômicas entre as regiões. Políticas de desenvolvimento sustentável devem abordar as desigualdades e garantir uma distribuição equitativa dos benefícios. Em áreas urbanas, a promoção de transporte público eficiente e infraestrutura verde pode reduzir a pegada de carbono, enquanto em áreas rurais, o apoio à agricultura familiar e à produção local pode fortalecer as comunidades.

A participação da comunidade é um elemento-chave em qualquer estratégia de desenvolvimento sustentável. É vital envolver os habitantes locais no processo de tomada de decisões, considerando seus conhecimentos tradicionais e experiências. A adaptação das políticas às necessidades específicas de cada comunidade fortalece o comprometimento e a eficácia das medidas implementadas.

A colaboração internacional também desempenha um papel significativo na promoção do desenvolvimento sustentável em escala global. Compartilhar conhecimentos, tecnologias e recursos entre países pode acelerar o progresso em direção a metas comuns, como a redução das emissões de gases de efeito estufa, a conservação da biodiversidade e a erradicação da pobreza.

Capítulo 40

O papel das fronteiras permeáveis na promoção ou prevenção de interações culturais entre nações

Fronteiras permeáveis, que facilitam a interação e troca cultural entre nações, têm implicações geográficas na construção de identidades nacionais e na promoção da diversidade. A geografia analisa como essas fronteiras moldam as interações culturais e sociais entre diferentes comunidades.

Uma fronteira permeável é caracterizada pela facilidade de passagem de pessoas, bens e informações entre os territórios adjacentes, proporcionando um ambiente propício para a convergência e intercâmbio cultural.

Na promoção de interações culturais, as fronteiras permeáveis atuam como facilitadoras, permitindo a livre circulação de indivíduos e grupos entre diferentes nações. Isso cria oportunidades para o encontro de culturas diversas, promovendo o diálogo e a compreensão mútua. A troca de experiências culturais pode levar ao enriquecimento das sociedades envolvidas, com a assimilação de elementos positivos de cada lado. A permeabilidade das fronteiras propicia um ambiente propício para a formação de identidades transnacionais, onde as pessoas se identificam não apenas com sua nação de origem, mas também com uma comunidade cultural mais ampla.

Além disso, as fronteiras permeáveis são fundamentais para o desenvolvimento de atividades econômicas e sociais que transcendem fronteiras nacionais. A integração regional e a colaboração em áreas como comércio, educação e pesquisa são facilitadas pela permeabilidade das fronteiras, impulsionando o intercâmbio de conhecimentos e tecnologias.

Contudo, é importante reconhecer que a permeabilidade excessiva das fronteiras também pode apresentar desafios, especialmente quando se trata da preservação das identidades culturais locais. A rápida difusão de influências externas pode levar à homogeneização cultural e à perda de características distintivas de uma comunidade. Portanto, é necessário encontrar um equilíbrio, promovendo a interação cultural, mas também preservando as riquezas culturais únicas de cada nação.

Por outro lado, fronteiras demasiadamente rígidas podem dificultar a interação cultural, levando ao isolamento e à falta de compreensão mútua. A abertura controlada das fronteiras é essencial para garantir que a interação cultural seja benéfica e construtiva, evitando assim conflitos e promovendo a diversidade cultural.

Capítulo 41

Como a Geografia aborda as questões de gênero que se manifestam e são abordadas em diferentes contextos geográficos

A Geografia aborda as questões de gênero considerando como fatores geográficos influenciam as experiências e desafios das pessoas com base em seu gênero. Isso inclui análises de acesso a recursos, segregação espacial e a compreensão de como o espaço é socialmente construído em termos de gênero.

Em níveis locais, a geografia examina como as características do espaço físico e social de uma comunidade podem influenciar as percepções e experiências de gênero. Por exemplo, em áreas urbanas, a distribuição de serviços e infraestrutura pode impactar de maneira desigual homens e mulheres, contribuindo para a reprodução de desigualdades de gênero. A segregação espacial de atividades, como trabalho e moradia, muitas vezes reflete e reforça normas de gênero estabelecidas.

Em uma escala mais ampla, a geografia aborda as desigualdades de gênero em contextos regionais e globais. A análise geográfica das relações de poder, recursos e acessos destaca as disparidades econômicas e sociais entre diferentes regiões do mundo. A migração de gênero, por exemplo, é um fenômeno geográfico complexo que envolve a compreensão das motivações e impactos das migrações de mulheres e homens em diversas partes do planeta.

Além disso, a geografia examina como as questões de gênero são construídas e representadas em diferentes culturas e sociedades. As geografias feministas, em particular, têm desempenhado um papel crucial ao desafiar as narrativas dominantes e ao dar voz às experiências das mulheres em ambientes geográficos variados. A abordagem crítica da geografia feminista destaca a importância de considerar as interseccionalidades, reconhecendo que as experiências de gênero estão entrelaçadas com outras categorias sociais, como raça, classe e orientação sexual.

A pesquisa geográfica sobre gênero também analisa a dinâmica de poder nas instituições, sejam elas políticas, econômicas ou sociais. A geografia política examina como as estruturas de poder influenciam e são influenciadas por relações de gênero, enquanto a geografia econômica destaca as disparidades salariais e as oportunidades de emprego entre homens e mulheres em diferentes setores e regiões.

Capítulo 42

Desafios enfrentados pelos países em desenvolvimento na gestão e utilização sustentável de recursos naturais

Os países em desenvolvimento enfrentam desafios como pressão por recursos naturais, degradação ambiental, falta de infraestrutura e capacidade limitada de implementar políticas de gestão sustentável.

Um dos principais desafios enfrentados pelos países em desenvolvimento é a pressão sobre os recursos naturais, decorrente do rápido crescimento populacional e do aumento da demanda por alimentos, água, energia e materiais. Essa pressão muitas vezes leva à exploração excessiva e à degradação dos ecossistemas, comprometendo sua capacidade de regeneração e colocando em risco a biodiversidade e os serviços ecossistêmicos essenciais para o sustento humano.

Não bastasse isso, a pobreza e a desigualdade exacerbam os desafios enfrentados na gestão dos recursos naturais. Em muitos países em desenvolvimento, comunidades vulneráveis dependem diretamente dos recursos naturais para sua subsistência, o que as torna especialmente suscetíveis aos impactos negativos da degradação ambiental e das mudanças climáticas. A falta de acesso a serviços básicos, educação e oportunidades econômicas também contribui para a exploração não sustentável dos recursos naturais, perpetuando um ciclo de pobreza e degradação ambiental.

A governança fraca e a corrupção são outros desafios significativos na gestão dos recursos naturais em países em desenvolvimento. A falta de instituições eficazes e transparentes pode facilitar a exploração ilegal de recursos naturais, o desmatamento indiscriminado, a poluição e a degradação ambiental. Isso mina a capacidade dos governos de implementar políticas ambientais e de promover práticas de gestão sustentável dos recursos.

As mudanças climáticas representam um desafio adicional para os países em desenvolvimento na gestão e utilização sustentável de recursos naturais. O aumento da frequência e intensidade de eventos climáticos extremos, como secas, inundações e furacões, ameaça a segurança alimentar, hídrica e energética, exacerbando as pressões sobre os recursos naturais e aumentando a vulnerabilidade das comunidades locais.

Para enfrentar esses desafios de forma eficaz, é crucial adotar uma abordagem integrada e participativa para a gestão dos recursos naturais, envolvendo governos, comunidades locais, setor privado e sociedade civil. Isso requer a promoção de políticas e práticas que promovam a conservação dos ecossistemas, a utilização sustentável dos recursos naturais e a inclusão social e econômica das populações locais.

Investimentos em capacitação, educação e tecnologias adequadas também são essenciais para fortalecer a resiliência das comunidades e aumentar sua capacidade de adaptação às mudanças ambientais e climáticas. Além disso, é fundamental promover a transparência, a responsabilidade e a boa governança para combater a corrupção e garantir uma gestão eficaz e equitativa dos recursos naturais.

Capítulo 43

Como as questões de gênero se manifestam e são abordadas em diferentes contextos geográficos

As questões de gênero se manifestam de maneira complexa em diferentes contextos geográficos, influenciadas por fatores culturais, econômicos e sociais.

Ao redor do globo as desigualdades de gênero são evidentes no acesso aos recursos e oportunidades. Em áreas rurais, por exemplo, as mulheres frequentemente enfrentam restrições ao acesso à terra, limitando sua capacidade de participar plenamente na agricultura e na tomada de decisões familiares. Essas disparidades são frequentemente exacerbadas por normas culturais e sistemas legais discriminatórios que perpetuam relações de poder desiguais entre homens e mulheres.

Isso não limita apenas ao acesso aos recursos materiais, elas também influenciam a participação política, a educação, a saúde e a segurança das mulheres em diferentes partes do mundo. Em muitos países, as mulheres enfrentam barreiras significativas para participar da vida política e pública, sendo sub-representadas em cargos de liderança e enfrentando discriminação e violência baseada em gênero.

Essas questões, embora sensíveis, têm impactos diretos na saúde e bem-estar das mulheres, com disparidades evidentes no acesso a serviços de saúde reprodutiva, educação sexual e prevenção e tratamento de doenças. A violência de gênero também continua sendo uma preocupação global, com altos índices de violência doméstica, assédio sexual e tráfico humano afetando desproporcionalmente as mulheres em muitas partes do mundo.

As abordagens para lidar com as questões de gênero variam amplamente em diferentes contextos geográficos, refletindo as diferentes culturas, sistemas políticos e níveis de desenvolvimento econômico. Em alguns países, políticas progressistas e programas de capacitação têm sido implementados para promover a igualdade de gênero e capacitar as mulheres economicamente e politicamente. Isso inclui iniciativas para melhorar o acesso das mulheres à educação, saúde, emprego e participação na tomada de decisões.

Em muitas partes do mundo, as desigualdades de gênero persistem devido à resistência cultural, falta de vontade política e falta de recursos. Nesses contextos, a mudança requer um esforço conjunto que envolva governos, organizações da sociedade civil, setor privado e comunidades locais para desafiar as normas patriarcais e promover uma cultura de respeito e igualdade de gênero.

Capítulo 44

O impacto das megatendências globais, como a automação e a inteligência artificial, nas geografias urbanas e rurais

Megatendências globais, como automação e inteligência artificial, têm impactos significativos nas geografias urbanas e rurais, afetando empregos, infraestrutura e dinâmicas populacionais.

Enquanto as áreas urbanas e rurais enfrentam desafios e oportunidades únicas, o impacto dessas megatendências é sentido em ambos os contextos, embora de maneiras distintas.

Nos centros urbanos, a automação e a IA estão transformando a paisagem econômica, impulsionando a automação de processos industriais e a informatização de serviços, o que tem o potencial de redefinir a natureza do trabalho e as habilidades requeridas. Enquanto alguns empregos são substituídos por máquinas e algoritmos, novas oportunidades surgem em setores emergentes, como tecnologia da informação, inteligência artificial e indústria criativa. Isso está levando a mudanças na demanda por espaço e infraestrutura, com uma crescente concentração de atividades econômicas em áreas urbanas densamente povoadas.

As tecnologias digitais estão transformando a forma como as cidades são planejadas e gerenciadas, permitindo o desenvolvimento de soluções inovadoras para desafios urbanos, como mobilidade, segurança pública e sustentabilidade ambiental. A implementação de sistemas de transporte inteligentes, energia renovável e redes de sensores urbanos está contribuindo para a criação de cidades mais eficientes, resilientes e habitáveis.

Porém, as megatendências globais também apresentam desafios significativos para as geografias urbanas, incluindo a polarização socioeconômica, a gentrificação e a exclusão digital.

Enquanto alguns bairros e áreas metropolitanas prosperam com a inovação e o crescimento econômico, outros enfrentam marginalização e deterioração, exacerbando as desigualdades sociais e espaciais dentro das cidades.

Por outro lado, nas áreas rurais, a automação e a IA estão redefinindo a agricultura e os setores relacionados, aumentando a eficiência produtiva e reduzindo a dependência da mão de obra humana. O uso de drones, sensores remotos e algoritmos de análise de dados está transformando a gestão agrícola, permitindo a monitorização em tempo real das condições do solo, das culturas e do clima. Isso está levando a uma maior produtividade e resiliência nas atividades agrícolas, mas também pode resultar em uma redução da demanda por trabalhadores rurais e uma êxodo rural contínuo em busca de oportunidades urbanas.

Já a automação também está afetando outros setores da economia rural, como a indústria florestal, pesqueira e de mineração. Enquanto a mecanização e a robótica aumentam a eficiência e a segurança nessas indústrias, elas também levantam questões sobre o impacto ambiental e social dessas práticas, especialmente em áreas sensíveis do ponto de vista ecológico e cultural.

Capítulo 45

Como as estratégias de planejamento territorial podem ser adaptadas para lidar com os desafios das mudanças climáticas e do crescimento populacional

As estratégias de planejamento territorial precisam ser adaptadas para enfrentar os desafios das mudanças climáticas e do crescimento populacional, integrando considerações de resiliência climática, sustentabilidade ambiental e inclusão social.

O planejamento territorial desempenha um papel fundamental na gestão eficaz do espaço físico, especialmente diante dos desafios complexos das mudanças climáticas e do crescimento populacional. Como as pressões ambientais e demográficas continuam a aumentar, é de suma importância adaptar as estratégias de planejamento para garantir um desenvolvimento sustentável e resiliente em todas as escalas geográficas.

Uma abordagem essencial para lidar com os desafios das mudanças climáticas é integrar considerações climáticas em todas as etapas do processo de planejamento territorial. Isso inclui a identificação e avaliação de áreas vulneráveis a eventos climáticos extremos, como inundações, secas e tempestades, e a incorporação de medidas de adaptação, como zonas de amortecimento costeiro, áreas de retenção de água e planejamento de uso do solo resistente ao clima.

Também, o planejamento territorial pode desempenhar um papel crucial na mitigação das mudanças climáticas, promovendo o uso eficiente de recursos, a redução das emissões de gases de efeito estufa e o aumento da resiliência dos ecossistemas. Isso pode ser alcançado através da promoção de padrões de desenvolvimento urbano compacto, transporte público sustentável, energias renováveis e práticas agrícolas resilientes ao clima.

No contexto do crescimento populacional, as estratégias de planejamento territorial devem buscar equilibrar o desenvolvimento urbano e rural de forma sustentável, garantindo a disponibilidade de serviços básicos, infraestrutura e oportunidades econômicas para todas as comunidades. Isso requer uma abordagem integrada que considere as necessidades e aspirações das populações locais, ao mesmo tempo em que protege os recursos naturais e promove a equidade social.

Em áreas urbanas, o planejamento territorial pode ajudar a gerenciar o crescimento populacional através do desenvolvimento de infraestrutura de transporte, habitação acessível e espaços verdes públicos. Isso pode ajudar a reduzir a pressão sobre o meio ambiente e melhorar a qualidade de vida das pessoas, ao mesmo tempo em que promove a coesão social e a inclusão.

Nas áreas rurais, o planejamento territorial pode promover práticas agrícolas sustentáveis, proteger áreas de valor ecológico e cultural e promover a diversificação econômica para reduzir a dependência da agricultura de subsistência. Isso pode ajudar a mitigar os efeitos do êxodo rural e a promover o desenvolvimento equilibrado das regiões rurais, garantindo ao mesmo tempo a conservação dos recursos naturais e a preservação da identidade cultural local.

Capítulo 46

Como as mudanças nos padrões de uso da terra, como o desmatamento e a urbanização, afetam a biodiversidade e os ecossistemas locais e globais

Essa questão envolve uma análise detalhada das interações entre atividades humanas e a biodiversidade, considerando como as mudanças nos padrões de uso da terra impactam a saúde dos ecossistemas e a sobrevivência de espécies.

As mudanças nos padrões de uso da terra, incluindo o desmatamento e a urbanização, exercem um impacto significativo na biodiversidade e nos ecossistemas locais e globais. Estas alterações transformam radicalmente a paisagem natural, fragmentam habitats, reduzem a disponibilidade de recursos e ameaçam a sobrevivência de inúmeras espécies, contribuindo para a perda de biodiversidade em escala global.

O desmatamento, um dos principais impulsionadores da mudança no uso da terra, resulta na conversão de florestas, matas e outros ecossistemas naturais em áreas agrícolas, pastagens e assentamentos humanos. Esta prática causa a perda direta de habitat para muitas espécies de plantas e animais, levando à extinção local e regional de populações e contribuindo para a diminuição da diversidade biológica. Além disso, o desmatamento aumenta a vulnerabilidade das áreas remanescentes a incêndios, invasões de espécies exóticas e mudanças climáticas, diminuindo ainda mais a resiliência dos ecossistemas.

Da mesma forma, a urbanização intensiva e desordenada tem um impacto significativo na biodiversidade e nos ecossistemas. A expansão das áreas urbanas consome grandes extensões de terra, fragmentando habitats naturais e isolando populações de animais e plantas, tornando-as mais suscetíveis à extinção local. Além disso, a urbanização gera poluição do ar, da água e do solo, degradação ambiental e perda de serviços ecossistêmicos, como a regulação do clima, a purificação da água e a proteção contra desastres naturais.

As mudanças nos padrões de uso da terra também têm impactos globais significativos na biodiversidade e nos ecossistemas. A perda de florestas tropicais, por exemplo, contribui para a redução da capacidade de absorção de carbono da Terra, aumentando as concentrações atmosféricas de dióxido de carbono e acelerando as mudanças climáticas. Além disso, a destruição de ecossistemas costeiros, como manguezais e recifes de coral, aumenta a vulnerabilidade das comunidades costeiras à erosão, tempestades e inundações, e reduz a capacidade de proteção contra as mudanças climáticas.

Para mitigar os impactos das mudanças nos padrões de uso da terra na biodiversidade e nos ecossistemas, são necessárias medidas urgentes em diferentes níveis. No nível local, é fundamental promover práticas de uso da terra sustentáveis, como o manejo florestal sustentável, a restauração de ecossistemas degradados e o planejamento urbano integrado que priorize a conservação da biodiversidade. No nível global, são necessários esforços coordenados para enfrentar as causas subjacentes do desmatamento, como o comércio ilegal de madeira, a agricultura insustentável e o crescimento populacional descontrolado.

Para que isso aconteça, é essencial promover a conscientização pública sobre a importância da biodiversidade e dos serviços ecossistêmicos para o bem-estar humano e desenvolver políticas e estratégias integradas que abordem as interconexões entre uso da terra, mudanças climáticas e perda de biodiversidade. Somente através de uma abordagem holística e colaborativa podemos garantir a proteção e conservação dos ecossistemas naturais e da diversidade biológica para as gerações presentes e futuras.

Capítulo 47

Desafios e oportunidades associados à implementação de estratégias de adaptação às mudanças climáticas em comunidades costeiras vulneráveis

Comunidades costeiras enfrentam desafios significativos devido ao aumento do nível do mar e eventos climáticos extremos. Um dos principais desafios é a falta de recursos financeiros e capacidade institucional.

As comunidades costeiras enfrentam desafios significativos devido à sua vulnerabilidade às mudanças climáticas, incluindo o aumento do nível do mar, tempestades mais intensas, erosão costeira e acidificação dos oceanos. A implementação de estratégias de adaptação nessas comunidades é crucial para mitigar os impactos adversos das mudanças climáticas e promover a resiliência. Porém, essa tarefa é complexa e enfrenta uma série de desafios, ao mesmo tempo em que oferece oportunidades para promover um desenvolvimento sustentável e inclusivo.

Um dos principais desafios é a falta de recursos financeiros e capacidade institucional. Muitas dessas comunidades enfrentam limitações de financiamento e expertise técnica para desenvolver e implementar projetos de adaptação eficazes, especialmente em países em desenvolvimento. Outro ponto importante é, a coordenação entre diferentes partes interessadas, incluindo governos locais, organizações da sociedade civil e setor privado, muitas vezes é fragmentada, dificultando as abordagens integradas e holísticas.

O próximo desafio que vale a pena destacar é a incerteza e a variabilidade dos impactos das mudanças climáticas nas comunidades costeiras, tornando difícil prever e planejar respostas adequadas. Os modelos climáticos e de elevação do nível do mar podem fornecer projeções úteis, mas ainda existem grandes incertezas associadas às mudanças futuras, incluindo a frequência e intensidade de eventos climáticos extremos. Isso requer abordagens adaptativas e flexíveis que possam ser ajustadas conforme novas informações se tornem disponíveis.

Além dos desafios, toda essa movimentação também oferece oportunidades significativas para fortalecer a resiliência das comunidades costeiras e promover o desenvolvimento sustentável.

Uma abordagem baseada nos ecossistemas, por exemplo, pode aproveitar os serviços prestados por manguezais, recifes de coral e dunas costeiras para proteger contra tempestades, absorver carbono e fornecer habitat para a vida marinha. Restaurar e proteger esses ecossistemas não apenas aumenta a resiliência das comunidades costeiras, mas também traz benefícios adicionais em termos de conservação da biodiversidade e sustentabilidade dos recursos naturais.

Todo esse empenho pode criar oportunidades econômicas e de emprego para as comunidades costeiras. Investimentos em infraestrutura resistente ao clima, energia renovável, turismo sustentável e agricultura adaptativa podem gerar empregos locais e estimular o crescimento econômico, ao mesmo tempo em que promovem a resiliência e a sustentabilidade a longo prazo.

Capítulo 48

Como a geopolítica dos recursos hídricos influencia as relações entre estados e as estratégias de segurança nacional em regiões áridas e semiáridas

A distribuição desigual de recursos hídricos em regiões áridas e semiáridas pode levar a conflitos e tensões entre estados.

A água é um recurso vital para a vida e o desenvolvimento econômico, e sua escassez ou disponibilidade desigual pode desencadear tensões geopolíticas entre estados, especialmente em regiões áridas e semiáridas onde a demanda por água excede a oferta.

Em regiões áridas e semiáridas, onde a disponibilidade de água é limitada, a gestão dos recursos hídricos pode se tornar uma fonte de conflito entre estados vizinhos que compartilham bacias hidrográficas transfronteiriças. Disputas sobre a distribuição equitativa da água, o uso de represas e barragens para controle de fluxo, e a poluição de rios e aquíferos podem levar a tensões geopolíticas e até mesmo a conflitos armados, como observado em várias partes do mundo.

É preocupante, visto que a escassez de água pode exacerbar as disparidades socioeconômicas e políticas entre diferentes grupos dentro de um país, criando tensões internas e afetando a estabilidade política e social. Em regiões áridas e semiáridas, onde a agricultura é uma fonte importante de subsistência, a competição por recursos hídricos limitados pode intensificar as tensões entre comunidades agrícolas e urbanas, bem como entre grupos étnicos e tribais.

A geopolítica dos recursos hídricos também influencia as estratégias de segurança nacional dos estados, especialmente em regiões onde a água é considerada um recurso estratégico vital para a soberania e o desenvolvimento econômico. A segurança hídrica tornou-se uma prioridade para muitos países, que buscam garantir o acesso seguro e confiável à água para suas populações e economias. Isso pode envolver o desenvolvimento de infraestrutura de armazenamento e distribuição de água, a diversificação das fontes de abastecimento hídrico e a implementação de medidas de conservação e uso eficiente de água.

Toda essa estratégia de governo, pode influenciar alianças e relações diplomáticas entre estados, especialmente em regiões onde a escassez de água é uma preocupação compartilhada.

A cooperação internacional em matéria de gestão de bacias hidrográficas transfronteiriças pode ser uma maneira eficaz de reduzir as tensões e promover a paz e a estabilidade nessas áreas. Exemplos de cooperação bem-sucedida incluem acordos de compartilhamento de água, programas de monitoramento e manejo conjuntos e iniciativas de desenvolvimento de infraestrutura hídrica regional.

Capítulo 49

Os impactos socioeconômicos e ambientais da exploração de recursos minerais em áreas de floresta tropical

A exploração de recursos minerais em áreas de floresta tropical levanta questões complexas relacionadas à conservação ambiental, direitos indígenas e desenvolvimento econômico.

A exploração de recursos minerais em áreas de floresta tropical tem gerado uma série de impactos socioeconômicos e ambientais significativos, afetando tanto as comunidades locais quanto os ecossistemas naturais. Esses impactos são resultado de práticas de mineração muitas vezes insustentáveis, que priorizam os lucros imediatos em detrimento da conservação ambiental e do bem-estar das populações locais.

Em termos socioeconômicos, a exploração de recursos minerais em florestas tropicais frequentemente resulta em conflitos socioambientais entre empresas mineradoras, comunidades locais e povos indígenas. A apropriação de terras para atividades de mineração muitas vezes desloca comunidades tradicionais de suas terras ancestrais, privando-as de acesso a recursos naturais essenciais para sua subsistência e prejudicando sua cultura e modo de vida. Além disso, a presença de minas pode causar impactos negativos na saúde das populações locais devido à contaminação do ar e da água por substâncias tóxicas utilizadas no processo de mineração.

Do ponto de vista econômico, a exploração de recursos minerais em áreas de floresta tropical pode gerar benefícios econômicos temporários, como geração de empregos e receitas fiscais para o governo. No entanto, esses benefícios muitas vezes não são distribuídos de forma equitativa e sustentável, exacerbando as desigualdades sociais e econômicas e contribuindo para a marginalização das comunidades locais. Além disso, a dependência excessiva da mineração pode criar uma economia de enclave, vulnerável às flutuações do mercado global de commodities e sujeita a ciclos de *boom*[1] e *bust*[2].

Em termos ambientais, a exploração de recursos minerais em florestas tropicais causa uma série de danos irreversíveis aos ecossistemas naturais. A remoção da cobertura florestal para abrir espaço para minas e infraestrutura associada resulta na perda de habitat para uma variedade de espécies vegetais e animais, muitas das quais são endêmicas e ameaçadas de extinção. Além disso, o desmatamento e a degradação ambiental associados à mineração contribuem para a perda de biodiversidade, a erosão do solo, a degradação da qualidade da água e a emissão de gases de efeito estufa, exacerbando as mudanças climáticas globais.

Diante desses impactos socioeconômicos e ambientais negativos, é fundamental adotar abordagens mais sustentáveis e responsáveis para a exploração de recursos minerais em áreas de floresta tropical. Isso inclui a implementação de práticas de mineração que minimizem os impactos ambientais, respeitem os direitos das comunidades locais e promovam o desenvolvimento socioeconômico sustentável. Para que isso ocorra, é essencial fortalecer a governança e a regulamentação da mineração para garantir a transparência, a responsabilidade e a participação das partes interessadas em todas as etapas do processo de tomada de decisão.

[1] Período de rápido crescimento econômico.
[2] Período de dificuldade econômica.

Capítulo 50

Como as mudanças nos padrões de migração, incluindo a migração climática, afetam as dinâmicas demográficas e socioeconômicas em nível global e local

Mudanças nos padrões de migração, incluindo a migração devido a fatores climáticos, têm implicações significativas para as sociedades em todo o mundo.

Em nível global, as mudanças nos padrões de migração estão alterando a distribuição geográfica da população e reconfigurando as dinâmicas demográficas em diferentes partes do mundo. O aumento da migração internacional está transformando a composição étnica e cultural de muitos países receptores, criando sociedades cada vez mais diversas e plurais. Ao mesmo tempo, a migração em massa de áreas rurais para áreas urbanas está impulsionando o crescimento das megacidades e megalópoles, criando novos desafios e oportunidades para o planejamento urbano, a gestão de recursos e a prestação de serviços públicos.

A migração climática está emergindo como um fator importante nas dinâmicas globais de migração, à medida que as mudanças ambientais, como secas, inundações e aumento do nível do mar, forçam milhões de pessoas a deixar suas casas em busca de condições de vida mais seguras e sustentáveis. Isso pode resultar em deslocamentos internos em grande escala dentro dos países afetados e em movimentos migratórios transfronteiriços para países vizinhos ou mais distantes. A migração climática também está aumentando a pressão sobre os sistemas de refúgio e as políticas de imigração em todo o mundo, desafiando as capacidades de resposta e adaptabilidade dos governos e organizações internacionais.

Em nível local, as mudanças nos padrões de migração têm impactos significativos nas comunidades de origem e destino. Nas áreas de origem, a migração pode resultar na perda de mão de obra qualificada, na fragmentação das famílias e no enfraquecimento dos laços sociais e culturais. Isso pode levar ao despovoamento de áreas rurais e ao declínio econômico e social das comunidades deixadas para trás, criando um ciclo de empobrecimento e estagnação.

Por outro lado, nas áreas de destino, a migração pode gerar tensões socioeconômicas e culturais, especialmente quando os migrantes enfrentam discriminação, exploração e falta de integração. Mas, de um outro ponto de vista, a migração também pode trazer benefícios econômicos e culturais, contribuindo para a diversificação da força de trabalho, o enriquecimento cultural e a inovação em diversos setores da sociedade.

papel de miolo PAPEL BRANCO 74-90G/M²
papel de capa   PAPEL BRANCO 220G/M²
tipografia   PT SANS